《三十六計》亦稱三十六策。
《三十六計》係古代兵家計謀與謀略學的經典之作！

智典
三十六計

李明揚　著

U0545330

本書簡介

《三十六計》依據中國古代陰陽變化之理，
以樸素的辯證思想為依託，
對諸如「虛實、勞逸、剛柔、攻防、奇正、陰陽」等
相對關係做了詳盡而客觀的論述，
內容精彩廣博，說理精闢，思想深邃。
它作為軍事謀略，最初只應用於戰爭之中。
但是，經過歷史的驗證之後，
《三十六計》的思想精髓逐漸被世人普及化，
並融會貫通，廣泛地運用到政治、經濟、外交、商業，
並引申為經營管理的戰略謀劃等諸多領域，
成為世人不得不佩服的謀略學經典！

序言

《智典·三十六計》依據中國古代陰陽變化之理，以樸素的辯證思想為依託，對諸如虛實、勞逸、剛柔、攻防、奇正、陰陽等相對關係做了詳盡而客觀的論述，內容精彩廣博，說理精闢，思想深邃。它作為軍事謀略，最初只應用於戰爭之中。但經過歷史的打磨，其思想精髓逐漸被後人挖掘出來，廣泛地運用到政治、經濟、外交、商業等諸多領域，成為後人智慧的一大源泉。

三國時期，有許多謀略大師，如諸葛亮、司馬懿、曹操等戰略家，以及許攸、賈詡、程昱、徐庶等謀士，他們把謀略藝術運用得無比出色，取得了輝煌的成就，從而展示和發展了人類的智慧。可以說，謀略是人類智慧的花朵，寶貴的文化遺產。

《智典·三十六計》是計謀之經典，全書領域之廣、內容之豐富、種類之繁多，遠非我們所能面面俱到，兼收並蓄。所以我們有針對性地將世人感興趣的兵法和智謀進行採編、選擇、選注、點評，並根據當代社會和市場經濟的發展需要，將兵法和智謀配以近當代在我們周圍所發生而鮮為人知的故事，從軍事和商業的角度，加深對傳統文化和優秀軍事思想的理解，使全書的主題顯現於讀者眼前，尤其可幫助對這些方面感興趣的朋友，在開卷有益的前提下，使其能夠吸納書中的精神養料。

《智典．三十六計》是一部最平易近人的生活謀略學，而且老少咸宜，同時也考慮到廣大讀者讀書的興趣及實用性，作者在編寫本書時，特別注意到了古文的通俗性和普及性，充分體現輕鬆讀書，娛樂讀書。但願大家在讀完本書之後，能夠在情急之中，做到——「眉頭一皺，計上心來。」

目錄

第一套 勝戰計

第五套 併戰計

原序

用兵如孫子，策謀三十六計。

六六三十六，數中有術，術中有數。

陰陽燮理，機在其中。

機不可設，設則不中。

《按》解語重數不重理。蓋理，術語自明；而數，則在言外。若徒知術之為術，而不知術中有數，則術多不應。且詭謀權術，原在事理之中，人情之內。倘事出不經，則詭異立見，詫世惑俗，而機謀泄矣。

或曰：三十六計中，每大計成為一套。第一套為勝戰計；第二套為敵戰計；第三套為攻戰計；第四套為混戰計；第五套為併戰計；第六套為敗戰計。

第一套

勝戰計

第一計 瞞天過海

計名探源

事見《永樂大典・薛仁貴征遼事略》。

唐太宗貞觀十七年，太宗御駕親征，領三十萬大軍以寧東土。

一日，浩蕩大軍東進到大海邊上。太宗見眼前白浪滔天，茫茫無窮，急向眾將問過海之計。眾將面面相覷。

忽傳一個近居海上之人請求見駕，並聲稱三十萬過海軍糧，其家業已備齊。太宗大喜，率百官隨此人來到海邊。只見萬戶皆用一彩幕遮圍，十分嚴密。此人東向倒步，引太宗入室。室內皆是繡幔錦彩，茵褥鋪地。百官入座，宴飲樂甚。

不久，風聲四起，浪響如雷，杯盞傾側，人身動搖，良久不止。太宗驚警，忙令近臣揭開彩幕察看。不看則已，一看愕然。只見滿目皆一片蒼茫海水，橫無際涯，哪裡是在百姓家裡作客。大軍竟然已航行於大海之上！

原來此人正是新招來的壯士薛仁貴所扮成的，這「瞞天過海」的計策就是他所策劃的。

「瞞天過海」用在兵法上，實屬一則「示假隱真」的疑兵之計，意在通過戰略偽裝，以期達到出其不意的戰鬥效果。

原文

備周則意怠①，常見則不疑。陰在陽之內，不在陽之對②。太③陽，太陰。

注釋

①備周則意怠：防備十分周密，往往容易讓人鬥志鬆懈，削弱戰鬥力。

②陰在陽之內，不在陽之對：「陰陽」是古代傳統哲學和文化思想的基點，其思想涉及到大千宇宙，細塵末埃，並影響到意識形態的一切領域。「陰陽學說」是把宇宙萬物視為對立的統一體看待，表現出樸素的辯證思想。陰、陽二字早在甲骨文、金文中出現過，但以陰氣、陽氣為基的陰陽學說，最早是由道家始祖楚國人老子所倡導，並非《易經》提出。此計中所講的陰，指機密、隱蔽；陽，指公開、暴露。陰在陽之內，不在陽之對，在兵法上是說，詭計往往隱藏於公開的事物裡，而不在公開事物的對立面上。就是說，非常公開的東西，常常蘊藏著

非常機、密的事物。

③太：極、極大。

譯文

當防備十分周密的時候，就容易麻痺、大意；平時看慣的，往往就不再懷疑了。把祕詭之計隱藏在公開的行動中，而不是和公開的形式排斥。非常公開的東西往往蘊藏著非常機密的事物。

講解

此計原是指薛仁貴瞞著唐太宗，使之在渾然未覺之際乘船渡海。引申之，「瞞天過海」，即運用假象迷惑對手，使之放鬆警惕或轉移注意力，然後出其不意，攻其不備，取得勝利。「瞞」是關鍵之所在，它不僅指不讓對手知道自己的真實意圖，也要求付出足夠的努力，使對方不懷疑自己有其它意圖。即誤導之，解除其戒備。

典故名篇

❖ 希特勒突襲波蘭

侵佔波蘭是希特勒侵略計畫中的重要組成部分。為突襲波蘭，他在政治、軍事、外交等方面玩弄了一系列欺騙手段，大放和平煙幕、以掩蓋其緊張的戰備行動。

希特勒製造輿論說，位於德國和波蘭邊境的但澤歸屬問題可以擱置下來，以後解決。他向英國政府表示，德國同意英國政府的調停建議，即邀請波蘭的全權代表到柏林談判。在發起戰爭的前幾天，德國派遣了一艘偽裝成訓練艦的戰鬥艦訪問但澤，還派了一個「軍事友好代表團」訪問波軍參謀部。直到臨戰前幾小時，德國外交部長還假裝非常親熱地接見波蘭駐柏林大使，並舉行雙邊會談。會談之後，柏林電台立即廣播了德國的和談提案。

波蘭當局被希特勒製造的假象所迷惑，錯認德軍主力已被英軍所牽制，不會東調進攻波蘭。

一九三九年9月1日拂曉，正當波蘭人睡著大覺時，希特勒出動了二千三百架飛機和上萬門大炮，以迅雷不及掩耳之勢，突然向波蘭全國發動猛烈的轟炸和炮擊。整個波蘭陷於一片混亂。此後不到一個月，波軍全軍覆沒，波蘭全境被德國法西斯佔領。

❖ 美麗的「空中小姐」

電視連續劇《空中小姐》曾在日本轟動一時。

《空中小姐》的情節再簡單不過，貫穿始終的無非是一個虛構的愛情故事：一群充滿青春活力的「空中小姐」實習生，加上一位嚴厲而又富有人情味的年輕教練為人物主體。他們在共同相處的環境中學習、訓練，發展友誼，產生愛情……編導緊緊抓住觀眾的共同心理——經過精心加工的「永恆主題」從來不會令人厭煩。劇中沒有直奔主題的嘮叨說教，沒有令人肉麻的調笑媚眼，觀眾只是順著一個跌宕起伏、悲歡離合的愛情故事津津有味地看下去，直到劇終。

然而，驀然回首，你會「啊」的一聲發現，日航公司的廣告竟無所不在，始終融於電視劇播出的整個過程——

日航每一名普通的空中小姐都要受到幾十種嚴格、苛刻，近乎殘酷的訓練，這種訓練甚至能將最缺乏悟性、性格最懦弱的人培養成出類拔萃的航班服務員。

本來，《空中小姐》這部「廣告電視劇」的廣告目的，用一句話就能概括——「請搭乘日航班機」。但是，當這一目的被賦予豐富的內容並進行藝術處理後，它就成為一種有形有色的感受，進入觀眾的心底：日航所謂世界一流的服務質量不是吹出來的，它對服務人員的訓練的確堪稱無可比擬，因而它的服務質量同樣也無可比擬。這樣，如果哪位觀眾要乘坐國際航班，他（她）一定會帶著希望享受這種服務的心理和對《空中小姐》電視劇的親切感受，選擇日航的班機。至於「請搭乘日航班機」這句廣告詞，連提都不必提。

日航公司利用一個美麗的故事，把觀眾吸引住，從而隱瞞了自己的商業廣告意圖，使觀眾在不知不覺中接受日航，親近日航。

用計錦囊

此計的兵法運用，著眼於世人對世事的觀察處理之中，使敵人由於對某些事情習見不疑而自覺不自覺地產生了疏漏和鬆懈，故能使施計之方乘虛而示假隱真，掩蓋其軍事行動，把握時機，出奇制勝。

引申開來，「瞞天過海」又為企業人在你虞我詐的商戰謀略上又提供了一條有效的計謀。「瞞天過海」必須「瞞」得成功。如果「瞞不了天」，「過不了海」，那就不算是「瞞天過海」了。

第二計◆圍魏救趙

計名探源

事見《史記・孫子吳起列傳》，敘述戰國時期，齊國與魏國的桂陵之戰。

公元前三五四年，魏惠王欲報丟失中山的舊恨，派大將龐涓前去攻打。這中山原是東周時期魏國北鄰的小國，被魏國收服。後來，趙國乘魏國國喪之機，將中山強佔了。魏將龐涓認為中山不過彈丸之地，距趙國又很近，不若直打趙國都城邯鄲，既解舊恨，又一舉兩得。魏王從之，欣欣然似霸業從此開始，即撥五百戰車，以龐涓為將，直襲趙國，圍住趙國都城邯鄲。

趙王急難中求救於齊，許諾解圍後以中山相贈。齊威王應允，令田忌為將，並起用從魏國救回的孫臏為軍師，領兵出發。

這孫臏曾是龐涓的同學，對用兵之法諳熟精通。龐涓自覺能力不及孫臏，恐其賢於自己，遂以毒刑使之致殘，斷其兩足並在他臉上刺字，企圖使他不能行走，又羞於見人。後來孫臏裝瘋，幸得齊使救助，逃到齊國。這是一段關於龐涓與孫臏的舊事。

且說田忌與孫臏已率兵進入魏趙交界之地。田忌想直逼趙都邯鄲。孫臏制止道：「解亂絲結繩，不可以握拳去打；排解爭鬥，不能參與搏擊。平息糾紛要抓住要害，乘虛取勢，雙方因受到制約，才能自然分開。現在魏國精兵傾國而出，若我直攻魏國，那龐涓必回師解救。這樣一來，邯鄲之圍即能自解。我們再於中途伏擊龐涓歸路，魏軍必敗。」田忌聞言，依計而行。

果然，魏軍離開邯鄲，歸路中又遭伏擊，與齊軍戰於桂陵。魏軍長途跋涉後已很疲憊，潰不成軍。龐涓勉強收拾殘部，退回大梁。齊師大勝，趙國之圍遂解。這便是歷史上有名的「圍魏救趙」之故事。

其後十三年，齊魏兩軍再度相交於戰場，龐涓復又遭到孫臏伏擊，自知智窮兵敗，遂自刎。孫臏從此名揚天下，世代傳其兵法。

原文

共敵不如分敵①，敵陽不如敵陰②。

注釋

①共敵不如分敵：共，集中的。分，分散、使分散。句意為：攻打集中的敵人，不如設法分散他而後再打。

②敵陽不如敵陰：敵，動詞，攻打。句意為：打擊氣勢旺盛的敵

人，不如打擊氣勢衰落的敵人。

譯文

打擊強敵，應當誘使它分散兵力；正面進攻，不如向它空虛的後方遷迴出擊。

講解

古人說：「治兵如治水。」面對來勢兇猛的強敵，盲目出擊，無異於以卵擊石。不如避其鋒芒，攻擊其薄弱之處以牽制之，或襲擊其要害部位以威脅之，或繞到其背後以打擊之。能如此，敵人就不得不放棄原來的目標，返身解救自己的危難。

欲救趙，先需使攻趙之敵自撤，這是以攻為守，積極出擊，尋敵要害，牽制敵軍之策。為此，運用「圍魏救趙」之計。

釋解妙計

古人按語：「治兵如治水。銳者避其鋒，如導疏；弱者塞其虛，如築堰。」故齊救趙時，孫臏謂田忌曰：「夫解雜亂糾紛者不控拳，救鬥者，不搏擊。批亢擣虛，形格勢禁，則自為解耳。」（《史記》卷六五《孫子吳起列傳》）

對敵作戰，好比治水：敵人勢頭強大，就要躲過衝擊，如用疏導之法分流。對弱小的敵人，就抓住時機消滅他，就像築堤圍堰，不讓水流走。孫子的比喻十分生動、形象：想理順亂絲和結繩，只能用手指慢慢解開，不能握緊拳頭捶打；排解搏鬥、糾紛，只能動口勸說，不能自己加入戰團。對敵人應避實就虛，攻其要害，使敵方受到挫折、牽制，圍困即可自解。

典故名篇

❖ 史巴茲迫使德機保護本土

史巴茲是第二次世界大戰時期的美軍軍官，也是二十世紀以來的著名軍事家之一。

盟軍諾曼第登陸之前，德國空軍仍然十分強大，是諾曼第登陸的一大障礙。

在諾曼第登陸作戰前夕，盟軍中出現兩種不同的意見。

一種意見以艾森豪威爾為代表，主張用重型轟炸機攻擊德國人在法國北部和比利時的運輸系統，以孤立登陸地區，並認為這是登陸成功的最佳保證。

另一種意見以史巴茲為首，主張派出轟炸機攻擊德國本土，尤其是攻擊德軍的生命線——石油設施。如果德國空軍將主要力量用於保護本土，它就無力顧及諾曼底了。史巴茲強調說，單純攻擊德國人的運輸系統，德國空軍為保存實力，可能不會派出飛機應戰。眾多的德國飛機一旦到達諾曼第，盟軍的登陸作戰將無比艱難。

可是，艾森豪威爾是一個固執己見的人。無奈之餘，史巴茲只好同意由美國空軍去攻擊德國人的運輸系統，但要求艾森豪威爾允許部分美軍轟炸機攻擊德國本土的石油設施，否則他就辭職不幹。艾森豪威爾最後答應了他這一小小的請求。

事實證明，史巴茲這一小小的請求起到了巨大的作用。由於美軍第八航空隊轟炸了德國境內的石油設施，迫使大批德國飛機留在德國本土。後來，盟軍投入諾曼底登陸作戰之際，德國空軍已成了一個無足輕重的因素。

史巴茲的策略與前面所說的「圍魏救趙」之計非常類似。為了確保一場戰役的勝利，不讓敵人排出拳頭狀的陣式很重要。而為了分散敵人，最佳辦法就是打擊它的要害部位，迫使敵人抽調兵力自保。

❖智鬥世界「鹼王」

一八九五年，中國在甲午戰爭中慘遭失敗，懦弱腐敗的滿清政府被迫簽訂了喪權辱國的《馬關條約》。

目睹了日本科學日興、工業日盛、國勢日強的現實，一位當時的年輕人范旭東立志走工業興邦、科學救國之路。

一九〇八年，24歲的范旭東從岡山高等學校畢業，又以優異的成績考入京都帝國大學理學院應用化學系，享受官費待遇。兩年後學成，留校從事研究工作。

辛亥革命成功之後，范旭東日夜兼程，返回祖國。先是應當時的財政總長梁啟超之聘，就職於財政部，負責整頓鑄幣工程。其間，他利用一次赴歐洲考察鹽政和工業用鹽問題的機會，遍訪歐洲各工業強國。行程中，在領略了西方工業現代文明的同時，也飽嘗了受人輕視的屈辱。

一次，范旭東前往號稱「世界鹼王」的英國卜內門公司考察。傲慢的主人竟擺出一副嘲弄的姿態，把他引到鍋爐房，目中無人地說：「你們中國人看不懂蘇爾維製鹼的工藝流程，還是先參觀我們的鍋爐房吧！」（編按．鹹在水溶液中電離出陰離子全部，是氫根離子，與酸反應形成鹽和水，故製鹽必須使用鹹。）

英國人的傲慢與偏見，深深地刺痛了范旭東這位炎黃子孫的心。他對著蔚藍色的大海起誓：一定要振興中國的化學工業！

在范旭東的積極努力和四處奔走下，中國第一個製鹼企業永利製鹼公司於一九一八年成立。

范旭東橫下一條心，在天津自己家中設立了一個實驗室。他根據蘇爾維製鹼的工藝流程，設計了一套小型實驗設備，經過大膽摸索和反覆實踐，製成了9公斤純鹼。

一九二四年8月13日，永利製鹼公司正式開工出鹼。然而，結果令人大失所望，永利公司歷時十年，耗資二百多萬元，所得到的竟是紅黑相間的劣質鹼。

面對挑戰，范旭東毫不灰心。終於，一九二六年，他生產出優質的「紅三角」牌純鹼，並很快行銷海內外。

一直獨霸中國鹼市場的英國卜內門公司當然不會允許任何競爭對手出現於其面前，更何況是黃皮膚、黑頭髮的中國人。

范旭東在冷靜分析了敵我雙方的形勢以後，決定採取以牙還牙的策略，將「紅三角」插向日本市場，以解國內市場之危。

他又一次悄悄地東渡大海，往訪日本。

當時日本的三菱和三井兩大財團都想執商界之牛耳，相互間競爭非常激烈。三菱自己有鹼廠，而三井沒有，只能依賴進口。這正中了范旭東下懷。

於是，他與三井協商，委託三井在日本以低於卜內門的價格代銷永利產的紅三角牌純鹼。

三井覺得這項合作，一不要自己的資金，二有利可圖，三解了燃眉之急，便十分爽快地與永利達成了協議。

相當於卜內門在日本銷售量的10%的紅三角牌純鹼宛若一支奇兵，通過三井財團遍布全日本的龐大銷售網，向卜內門在日本的鹼市場發起猛烈的進攻。為了保住日本市場，卜內門不得不隨之降價。

由於卜內門的鹼在日本的銷售量遠遠大於在中國的銷售量，這一降價使其元氣大傷。永利鹼在日本的銷量只是卜內門的10%，價格比卜內門在中國的降低價還高一些，損失相對小些。

結果是，被永利打蒙了的卜內門首尾難顧，權衡利弊，發現保住日本市場比在中國進攻永利重要得多。因此，永利在日本發起攻勢不久，卜內門就通過其在華經理李德利向永利表示，願意停止在中國市場上的鹼價傾軋，希望永利在日本也相應停止行動。

范旭東趁機提出條件：永利在中國市場銷售純鹼量必須達55%，卜內門則不得超過45%；並要求卜內門今後在中國市場上的鹼價如有變動，必須事先徵得永利同意。

為了龐大的中國市場，李德利只好無可奈何地同意了。

「圍魏救趙」的計謀奏效，使得昔日趾高氣揚，不可一世的「世界鹼王」，終於不得不在范旭東面前低下了頭。

用計錦囊

「圍魏救趙」在軍事上是一種機巧的戰術，其要點是：不直接跟敵人的力量正面接觸，而巧妙地去挖他的「牆腳」。牆腳破壞了，敵人的力量也就消滅了。

商場如戰場，同樣可以使用這種計謀。當所面對的對手力量強大，就應儘量避免與之正面對抗，免得兩敗俱傷。這時，最好的辦法就是像孫臏所說的那樣，避實就虛，尋機攻擊敵方在其它方面的薄弱點，把強敵分散，調開來打，以取得顯著的效果。

第三計 借刀殺人

計名探源

借刀殺人，指為了保存自己的實力而巧妙利用各方矛盾之謀略。當敵方動向已明，就千方百計，誘導態度曖昧的友方迅速出兵攻擊敵方，自己的主力即可避免遭受損失。此計是根據《周易》六十四卦中《損》卦推演而得。彖曰：「損下益上，其通上行。」此卦指明，「損」、「益」不可截然劃分，二者相輔相成。卦言充滿辯證思維。

春秋末期，齊簡公派國書為大將，興兵伐魯。魯國實力不敵齊國，形勢危急。孔子的弟子子貢分析當時的形勢，認為惟吳國可與齊國抗衡，可借吳國之兵力挫敗齊軍。於是，他首先出訪齊國，遊說齊相田常。

田常當時正蓄謀篡位，急欲剷除異己。子貢以「憂在外者攻其弱，憂在內者攻其強」的道理，勸他莫讓異己在攻魯中佔據主動，擴大勢力，而應攻打吳國，藉強國之手剷除異己。田常心動。但因齊國已做好攻魯的部署，轉而攻吳，怕師出無名。

子貢說：「這事好辦。我馬上去勸說吳國救魯伐齊，大人就有了攻吳的理由了。」田常高興地同意了。

子貢趕到吳國，對吳王夫差說：「如果齊國攻下魯國，勢力強大，必將伐吳。大王不如先下手為強，聯魯攻齊。其後，吳國即可抗衡強晉，成就霸業了！」

離開吳國，子貢又馬不停蹄，前去說服越王勾踐派兵隨吳伐齊，解除了吳王的後顧之憂。

子貢遊說三國，達到了預期的目的。他又想到吳國戰勝齊國之後，定會要挾魯國，魯國不能真正解危。於是他偷偷跑到晉國，向晉定公陳述利害：「吳國伐魯成功，必轉而攻晉，爭霸中原。」他勸晉國加緊備戰，以防吳國進犯。

公元前四八四年，吳王夫差親自掛帥，率十萬精兵及三千越兵攻打齊國。魯國立即派兵助戰。齊軍中吳軍誘敵之計，陷於重圍，大敗，主帥國書及幾員大將死於亂軍之中，齊國只得請罪求和。夫差大獲全勝之後，驕狂自傲，立即移師攻打晉國。不過，晉國因早有準備，擊退吳軍。

子貢充分利用齊、吳、越、晉四國的矛盾，巧妙周旋，借吳國之「刀」，擊敗齊國；借晉國之「刀」，滅了吳國的威風。魯國損失微小，終能從危難中得到解脫。

原文

敵已明，友未定①，引友殺敵，不自出力，以《損》②推演。

注釋

①友未定：「友」指軍事上的同盟者。即除了敵、我兩方之外的第三者，可以暫時結盟而借其力的人、集團或國家。

②《損》：出自《易經，損卦》：「損，有孚，元吉，無咎，可貞，利有攸往。」孚，信用。元，大。貞，正。意即：取抑省之道去行事，只要有誠心，就能取得大的吉利，避開錯失，合於正道，這樣行事就可一切如意。此卦之《象》曰：「損，損下益上，其道上行。」意指「損」與「益」的轉化關係。借用盟友的力量去打擊敵人，勢必要使盟友受到損失，但盟友的損失正可換得自己的利益。

譯文

在敵方的情況已經明朗，盟友的態度卻還不穩定時，要誘導盟友去消滅敵人，以保存自己的實力。這一計是按《易經》損《卦》中「損下益上」的道理推演出來。

講解

如前述，借刀殺人，指為了保存自己的實力而巧妙地利用各方矛盾的策略。《兵經百字・借字》云：「艱於力則借敵之力，難於誅則借敵之刃。」借刀有明暗之分，有強借誘借之別，能不費吹灰之力制敵於死地且毫無蛛絲馬跡方是高手。可借人力、物力、財力、勢力等等。此計最有謀而非陽謀，平常之時不可不防，非常之時不可不用。

釋解妙計

古人按語：敵象已露，而另一勢力更張，將有所為，便應借此力以毀敵人。如：鄭桓公將欲襲鄶，先盡書鄶之豪傑、良臣、辨智之人、果敢之士姓名，擇鄶之良田賂之，並贈以官爵之名，因為設壇場郭門之處而埋之，釁之以雞豕段，若盟狀。鄶君以為內難也，而盡殺其良臣。桓公襲鄶，遂取之。（《韓非子・內儲說下》）

諸葛亮之和吳拒魏，及關羽圍樊、襄，曹欲徙都。懿及蔣濟說曹曰：「劉備、孫權外親內疏，關羽得志，權心不願也。可遣人躡其後，許割江南以封權，則樊圍自釋。」曹從之，羽遂見擒。（《長短經》卷九《格形》）

古按語舉了幾則戰例：春秋時期，鄭桓公襲擊鄶國之前，先打聽了鄶國有哪些本領高超的文臣武將，開列名單，宣稱打下鄶國之後，將分別封給他們官爵，把鄶國的土地送給他們。並煞有介事地在城門處設下祭壇，把名單埋於壇下，對天盟誓。鄶國國君一聽到這個消息，怒不可遏，責怪臣子叛變，把名單上的賢臣良將全部殺了。結果當然是鄭國輕而易舉地滅了鄶國。

三國時代，諸葛亮獻計劉備，聯絡孫權，用吳國的兵力在赤壁大破曹兵。後來，蜀將關羽圍困魏地樊城、襄陽。曹操驚慌，想遷都以避開關羽的威脅。司馬懿和蔣濟力勸曹操：「劉備、孫權表面上是親戚，骨子裡其實很疏遠。關羽得意，孫權肯定不高興。可以派人勸孫權攻擊關羽的後方，並答應把江南之地分給他，如此，樊城被圍的困境自然得以解脫。」曹操用了他們的計謀，終致關羽兵敗麥城被俘。

典故名篇

❖ 竇嬰藉機誅晁錯

漢景帝即位之後，決心像其父文帝那樣，勤力治理天下。他聽說晁錯很有才能，就提升他當御史大夫。忠心耿耿的晁錯看到分封的那些諸侯王勢力越來越大，有的不受朝廷約束，擔心這樣下去，漢朝的天下會弄成四分五裂的局面。於是，他向景帝建議削藩。景帝也有心削弱諸侯王的勢力，但又怕他們憤而造反，不敢妄動。

各諸侯王聽說自己的封地可能被削減，都怨恨晁錯。於是，吳王、趙王、膠西王、楚王等聯合起來，打著「清君側，誅晁錯」的旗號起兵造反。漢景帝一邊召集大臣商議對策，一邊拜竇嬰為大將，出兵應付叛軍。

竇嬰與晁錯原就不和，在削藩問題上又持不同的意見，一直把晁錯視為眼中釘。他把個人的私怨看得比國家大事還重要，決定借景帝之手除掉晁錯。為此，他派人去對景帝說：「七王發兵是衝著晁錯來的。高祖分封同姓為王，已成規矩，晁錯非得要削藩，這不是存心與劉氏作對嗎？只要皇上斬了晁錯，赦免了七王起兵之罪，還給他們土地，他們一定會退兵。」

昏庸的景帝竟然聽從了這個建議，當真把晁錯給殺了。

景帝原以為這麼一來，可以化干戈為玉帛了。可是，七王並未罷兵，而且攻勢較此前更急。這時，大將軍周亞夫派使者告訴景帝：「吳王成心要造反已經幾十年了，這次是借晁錯削藩為名發兵，想不到皇上聽信讒言，把晁錯殺了。今後恐怕沒有誰再敢向朝廷出主意了。」景帝這才恍然大悟，但後悔已晚。

後來，七王之亂被平定下去，漢朝的中央集權加強了。只可惜，晁錯已冤死，並慘遭滅門三族。

❖ 華爾街神話大王林恩

吉姆斯·林恩出身於一九二〇年代的奧克拉荷馬州一個石油工人的家庭。

二次世界大戰中，他參加了美國海軍，當了一名電機技術員。一九四六年退役之後，他意會到，這該是自己創業的時候了。

為了籌措資金，他把房子賣了，加上服役時積蓄的錢，勉強湊足三千美元，成立了一家小公司——林恩電氣行。主要的財產只有一輛小卡車、一間租來的辦公室以及他本人的智謀。

戰後，美國的建築業極為繁榮，辦公大樓和工業建築更是方興未艾。於是，林恩急急忙忙地參與其中，搶到了幾項合同。到了二十世紀50年代初期，林恩電氣行的年營業額已超過一百萬美元了。

經過一番考慮，林恩決定將自己的電氣行改造成公眾公司。這樣，至少一開始就能減輕稅賦的負擔。更重要的是，股份公司更容易擴張，也更能滿足他的野心和慾望。

不久，林恩電氣工程股份有限公司成立了，並獲准發行80萬股普通股票。其中，林恩擁有50%的股權，其餘40萬股以每股2.5元的價格公開上市。

一家小小的電氣工程行竟能公開發行股票！這的確是前所未聞的事。接著，公司用電話推銷和挨家挨戶推銷的方式推銷股票。就這樣，只花了幾個月時間，他們就把上市的股票全都推銷出去。扣去各種費用，林恩公司實收資本75萬美元。林恩搖身一變，成為百萬富翁。

在股市中嘗到利用別人的錢賺錢的甜頭之後，吉姆斯・林恩決定利用股市撈到更多的資金，創立一個龐大的企業王國。

首先，他用現金購買了另一家電氣工程公司，從而使林恩公司擴充了一倍。公司的股票售價在證券市場上立即扶搖直上。

如此一來，使得林恩在購買其他公司時，處於更加有利的地位，自此可以不必立即用現金兌現。公司股票在證券市場上建立起穩定的聲譽，價值日益看漲，可以把它當成現金使用，而不必動用自己和公司的現金。

隨後，林恩又買下一家電子公司，並更名為林恩電子公司。這樣，公司的股票上漲得更高。緊接著，他又用相同的方式，收買了阿提克電子公司和迪姆柯電子公司，將公司更名為林恩・阿提克電子公司和林恩・迪姆柯電子公司。

從此，林恩已不再是一個小生意人，他的公司年營業額已高達一千五百萬美元。

有了雄厚的資金做後盾，林恩的胃口越來越大。他把下一個收購目標瞄準休斯・福特股份有限公司——美國一家重要的飛機和導彈製造廠。然而，這是一個強大而頑固的對手。所以，這樁交易進展得並不順利。為了達到目的，他運用雙管齊下的方法，一方面從證券市場公開收購，另一方面和現有股東私下議價成交，迅速取得近40%的股權，成為休斯・福特公司的最大股東。

一九六一年，林恩把這家公司更名為林恩·迪姆柯·福特（LTV）公司。

就在這個時候，華爾街開始使用「集團企業」這個名詞，意指一家公司以吞併其他不同行業之公司的方式，使自己壯大、成長（後來，實際上演變為托拉斯壟斷企業）。這類公司的股票成為二十世紀60年代最紅的一種，LTV更是其中的佼佼者。

林恩更長遠的目標是收購比休斯·福特公司更有名的公司，使自己的企業王國更為壯大與輝煌。一場更加精彩的好戲由此開始——那就是吞併威爾遜公司。

威爾遜是一家龐大的老公司，而且是個集團企業，但經營作風比較保守。它主要經營肉類包裝、運動器材和藥品三個行業，每年營業額高達10億美元，為LTV的兩倍。野心勃勃的林恩竟想收購它，真讓人頓生「貪心不足蛇吞象」之感。但他還是又一次得手了。怎麼個收購法呢？當然還是借用別人的錢。

威爾遜公司的股票屬於華爾街所謂價位偏低型之類。就是說，與同類型的企業相比較，它的股價偏低了些。主要原因是威爾遜公司不愛做廣告，也不在股市上哄抬自己的股價，因而投資者對它並不會太注意。

因此，林恩估計，只要用八千萬美元的價錢，就可以買到足以控制這家公司的股權。但他到什麼地方去弄八千萬美元呢？

首先，他以他LTV公司所持有的正在劇烈上漲的股票做抵押，從銀行借到八千萬美元。然後用這筆貸款買下威爾遜公司的股票。威爾遜就此成為LTV的一部分。

但LTV公司卻為此背上八千萬美元的高額負債。到底要如何去解決這筆巨額的債務呢？

接下來，林恩解決這個難題的辦法，令當時整個華爾街都驚訝得透不過氣來。這是他借用別人的錢為自己謀利的最高招，可謂精彩絕倫、拍案叫絕。

他的辦法是：將大部分債務轉移到威爾遜公司帳下，使其變成債務人。然後將威爾遜公司分成三家子公司——肉類加工公司、運動器材公司、製藥公司，再讓每家子公司都獨立發行自己的股票。這三家新公司的大部分股權屬於LTV所有，餘者向公眾發售，發售新股所收到的股金，正好可償付從銀行貸來的那筆鉅款。

就這樣，林恩幾乎沒花自己一分錢，就把一家規模龐大的公司給予吞併了。

❖ 借助名牌商標佔領市場

商標圖案代表一種商品的質量、信譽、知名度。消費者選購商品，往往先看商標。對於出口商品，商標的選擇是否適當，會直接影響其在國外市場的競爭力。

選擇出口品商標，一定要根據外國消費者的實際情況做考慮。下面舉例說明。

借用國外的名牌商標，推銷自己的產品，這是上上之策。有的企業想出這樣的好辦法：與國外企業聯合銷售，掛他們的名牌商標。然後分一部分利給他們。事實證明，這個方法很靈驗。例如，新加坡的家電產品借用荷蘭「菲力普」的商標銷售；韓國的電子產品早期借日本的「日立」、「松下」及美國的「雪爾維尼亞」等名牌商標銷售。利用國外著名的商標銷售自己的產品，除了能促進產品的銷售量之外，還可以避免進口國貿易保護主義的衝擊。

選擇一個受進口國民眾喜愛的洋名商標，也能產生極佳的效果。例如，當年台灣光男公司生產網球拍，為了出口到美國，就取了一個具有美國特色的洋商標名：kennex。結果，這種產品暢銷歐美各國。後來光男網球拍在香港推銷時，商標採用了音譯的中文名字「肯尼士」。這個譯音頗具洋味，以致許多人誤認為它是歐美名牌商品，從而在香港贏得了市場。

在選擇出口產品的商標時，要做到入境隨俗。各國的歷史、地理，傳統文化、風俗習慣都相差甚遠，同一個商標圖案、色彩的含義，在各國會引伸出不同的意思，有時甚至意義相反。例如在東南亞，黃色被視作高貴的顏色，皇室的御用物常用黃色。可是，這種顏色在信仰回教和基督教的國度，被視作死亡的象徵。為此，選擇出口產品的商標，務必尊重不同國家和民族的風俗習慣。如果用某個國家所忌諱的東西作商標，勢必影響銷售。

美國的可口可樂公司選擇出口產品的商標時很有策略。例如，他們的產品進入中國時，選擇了適合中國民情的商標名稱「雪碧」，在夏季給人未嘗先涼的印象。

從以上數例不難看出，借助名牌商標，確實可達到佔領市場的「殺人」目的。

用計錦囊

「借刀殺人」這一計，原指腐朽的封建官僚之間相互利用，爾虞我詐的一種權術。把它運用到軍事上，其基本思維是爭取與第三方結為同盟，一致對敵作戰。

此處所講的「借」字，內容包含多個層面，如：誘敵就範，以逸待勞，以借敵力；迷惑敵人，造成敵人辨別之間的錯覺，互誤為敵，自相殘殺，以借敵刃；取之於敵，用之於敵，以借敵物；利用敵人將領中的矛盾，令其自鬥，以借敵將；知其計，而將計就計，以借敵謀……等等。這裡的「刀」，是力量天平上的「第三砝碼」。如同三角形的任意兩邊之和都大於第三邊一樣，「第三砝碼」加於敵方，則敵方勝；加於我方，則我方勝。

在現代商戰中，「借刀殺人」有其特殊的含義，即通過借錢財、技術、人才、設備、資源等，以壯大發展自己的企業，從而去戰勝競爭對手。學會識別這一計謀，可以防止上大當，吃大虧。

第四計◆以逸待勞

計名探源

以逸待勞，語出《孫子·軍爭篇》：「故三軍可奪氣，將軍可奪心。是故朝氣銳，晝氣惰，暮氣歸。故善用兵者，避其銳氣，擊其惰歸，此治氣者也。以治待亂，以靜待嘩，此治心者也。以近待遠，以佚（同逸）待勞，以飽待飢，此治力者也。」

又，《孫子·虛實篇》：「凡先處戰地而待敵者佚（同逸），後處戰地而趨戰者勞。故善戰者，致人而不致於人。」原意是說：凡是先到戰場等待敵人者，就從容、主動，後到戰場者只能倉促應戰，定然趨於疲勞、被動。所以，善於指揮作戰的人總是設謀調動敵人，而決不會被敵人所調動。

戰國末期，秦國少年將軍李信率二十萬軍隊攻打楚國。一開始，秦軍連克數城，銳不可擋。不久，李信中了楚將項燕的伏兵之計，丟盔棄甲，狼狽而逃，秦軍損失數萬。

後來，秦王又起用已告老還鄉的王翦。王翦率六十萬軍隊，陳兵於楚國邊境。楚軍立即發重兵抗敵。老將王翦毫無進攻之意，只是專心修築城池，擺出一種堅壁固守的姿態。兩軍對壘，戰爭一觸即發。楚軍急於擊退秦軍，雙方卻相持年餘。

王翦在軍中鼓勵將士養精蓄銳，吃飽喝足，休養生息。秦軍將士人人身強力壯，精力充沛，平時操練，技藝精湛。老將王翦心中十分高興。

一年後，楚軍繃緊的弦已逐漸鬆懈，將士鬥志銷懈。楚軍認為秦軍的確意在防守自保，於是決定東撤。王翦見時機已到，下令追擊。秦軍將士人人如猛虎下山，直殺得楚軍潰不成軍。

公元前二二三年，秦滅楚。

此計強調：讓敵方處於困難之局，不一定只用進攻之法。關鍵在於掌握主動，待機而起；以不變應萬變，以靜制動；積極地調動敵人，創造戰機；不讓敵人調動自己，而要努力牽著敵人的鼻子走。所以，不可把以逸待勞的「待」字理解為消極被動地等待。

原文

困敵之勢①，不以戰；損剛益柔②。

注釋

①困敵之勢：迫使敵人處於困頓的境地。

②損剛益柔：語出《易經·損》卦。「剛」、「柔」是兩個相對事物的現象；在一定條件下，對立的雙方又可相互轉化。「損」，卦名。本卦為異卦相疊（兑下艮上）。上卦為艮，艮為山；下卦為兑，兑為澤。上山下澤，意為大澤浸蝕山根之象。也就是說，有水浸潤著山，抑損著山。故卦名叫「損」。「損剛益柔」是根據此卦象，講述「剛柔相推，而生變化」的普遍之理和法則。此計正是根據《損》卦的道理，以「剛」喻敵，以「柔」喻己。意謂困敵可用積極防禦，逐漸消耗敵人有生力量的方法，使之由強變弱；而因勢利導，又可使自己化被動為主動。似此，不一定要用直接進攻的方法，同樣可獲勝。

譯文

要迫使敵人陷入困難的局面，不一定要採取進攻的手段，只須根據強弱相互轉化的原理，先消耗、麻痺敵人，使它由強變弱，陷於被動，再發動攻擊，一舉殲滅。

講解

以逸待勞，以己之逸養集銳氣，耗敵方之士氣。「一鼓作氣，再而衰，三而竭。」敵方既已懈怠，我方士氣正盛，謀劃已成，傾力出擊，必能克敵。

逸，即先避開與敵對峙之勢，躲其鋒芒，尋求安定或相對安定之環境，以圖自強。又，選擇最恰當之時，當己最盛，且知敵方日益低靡，即可一戰而決。

釋解妙計

古人按語：此即制敵之法也。兵書云：「凡先處戰地而待敵者佚，後處戰地而趨戰者勞。故善戰者，致人而不致於人。」（《孫子，虛實篇》）兵書論敵，此為論勢，則其旨非擇地以待敵，而在以簡馭繁，以不變應變，以小變應大變，以不動應動，以小動應大動，以樞應環也。如「管仲寓軍令於內政，實而備之。」（《史記》卷六二《管晏列傳》）「孫臏於馬陵道伏擊龐涓。」（《史記》卷六五《孫子吳起列傳》）「李牧守雁門，久而不戰，而實備之，戰而大破匈奴。」（《史記》卷八一《廉頗藺相如列傳》）

古按語舉了管仲治國備戰、孫臏馬陵道伏擊龐涓、李牧大破匈奴的戰例，證明調敵就範，以逸待勞，是「無有不勝」之法。強調用中心樞紐，即關鍵性條件，對付無窮無盡、變化多端的「環」，即廣大四周的情況。

掌握戰爭的主動權是本計的關鍵。比如，兩個拳師相對，聰明的拳師往往退讓一步。蠢人則氣勢洶洶，劈頭就使出全副本領，結果往往被退讓者打倒。

《水滸傳》上的洪教頭，在柴進家中要打林沖，連喚幾個「來來來」。結果，退讓的林沖看出洪教頭的破綻，一腳踢翻了他。

典故名篇

❖陸遜的夷陵之戰

三國時代，吳國將軍陸遜奉孫權之命，掌六軍八十一州和楚荊諸路兵馬，抵禦蜀軍來侵之勢。

卻說劉備自猇亭布兵列馬，直至川口，圍至夷陵界，連接七百里，前後四十營寨，晝則旌旗蔽日，夜則火光耀天。

陸遜軍中有個前線指揮官叫韓當，見蜀軍到來，差人報知陸遜。陸遜恐韓當妄動，急忙飛馬上陣觀察。

這時，韓當正立於山頂，遠望蜀兵軍中隱隱有一把黃羅傘蓋，認為是劉備親自率兵上陣，便要出兵迎擊。

陸遜連忙制止道：「劉備舉兵東下，連勝十餘陣，銳氣正盛。現在我方只能採取守勢，不可輕出，出則不利。但需激勵將士，養精蓄銳，等待適當的出擊之機。蜀軍見我按兵不動，不堪天氣炎熱，必移屯於山林樹木間。在山路間行軍極耗損體力，我軍可悠閒地等對方筋疲力盡，再趁機出擊。」

劉備見吳軍不出，心中焦躁不堪。因為戰事拖延愈久，對遠征軍就愈不利；而且天氣炎熱，軍隊駐紮於平原，取水甚為不便。於是劉備命各營皆移屯於山林茂盛之地，靠近溪水。

屬下馬良勸止：「我軍若移動，倘吳兵突襲，怎麼辦？」

劉備乃令吳班率萬餘弱兵，屯駐於靠近吳寨的平地，自己則親率八千精兵，埋伏於谷中。若陸遜趁蜀兵移屯時來襲，吳班即可詐敗，引吳兵至谷中，劉備再領軍包圍，斷其歸路。

韓當探知蜀兵移屯，又認為是發動攻擊的良機。

陸遜再次勸阻：「前面山谷中隱隱有殺氣騰起，其下必有伏兵。敵軍在平地設弱兵，是引誘我軍出擊，切不可中計。」

於是，兩軍就這樣相互僵持了半年。劉備這一方終於漸露疲態。

這時，陸遜集合兵士，準備反擊，卻遭到部將反對。他們說：「若要破蜀，當初就應出兵。現在方圓五、六百里內都遭到敵人圍攻，對峙長達七、八個月，況且敵軍所攻佔的要塞都已防備得異常堅固，我軍怎能攻破它？」

陸遜回答：「你們實在是不懂兵法啊！劉備乃一世之梟雄，智謀多端，在他剛整兵出擊時，一定有精密的作戰計畫，我軍當然無法輕易獲勝。但現在戰事已處於膠著狀態，敵軍士氣低落，顯得很疲憊的樣子，正是殲滅敵軍的最佳時刻。」

諸將聽了，盡皆嘆服。於是發動總攻擊，果然擊潰蜀軍。劉備狼狽逃往白帝城。

陸遜這次能大敗蜀軍，就因把握了「以逸待勞」的原則。

❖ 第二次起飛

二十世紀20年代初，福特公司面臨打擊，汽車銷售量急劇下降，景況堪虞。

當時，美國汽車工業正全面起飛，各大公司紛紛推出色彩明快鮮艷的車種，以滿足消費者的不同需求，因而銷路大暢。惟有黑色的福特車保持不變，顯得嚴肅呆板，銷路自然大受影響。

但是，無論對各地要求福特供應花色汽車的代理商，還是對公司內部的建議者，福特總是堅決頂回：「我看不出黑色有什麼不好。至少，它比其它色耐舊些。」

生產逐漸艱難了，福特開始裁員，部分設備停工，將夜班調成白班以節省電燈費。公司內外人心浮動，連福特夫人也沉不住氣了。

福特卻笑著說：「這是袖裡乾坤。先不告訴你，等以後再說。」

他了解夫人的擔憂，卻信心十足地開解道：「我們公司的待遇高於其他任何企業，員工不會生出異心。而且，他們知道我是絕不服輸的人，相信我不跟著別人生產淺色車，一定另有謀劃。」

有員工建議：「至少我們應該製造新車，在市面上銷售，才不至於讓人家說我們快倒閉了呀！」

福特詭譎地笑了一笑：「讓他們去說吧！謠言越多，對我們越有利！」

許多員工大感奇怪，問公司是不是跟別人一樣，正在設計各種顏色的車子。

福特回答：「不是正在設計，是已經定型了！而且不是跟別人一樣，它只屬於我們自己。再者，我們的新車比別人的都便宜！」

福特所言之車，是他一生中最得意的「傑作」之一——他購買廢船，拆卸後煉鋼，從而大大降低了鋼鐵的成本，為即將推出的A型汽車奠定了勝利的基礎。

一九二七年5月，福特突然宣佈生產T型車的工廠全部停工。這是公司成立24年來第一次停止新車出廠，市面上所賣的都是存貨。

消息一出，舉世震驚，猜測蜂起。除了幾個主管之外，誰也摸不清福特在打什麼算盤。更讓人奇怪的是，工廠停工之後，工人並沒有遭到解僱，每天仍然上下班。

這一情況引起新聞界的極大興趣，報上經常刊登出有關福特的新聞。如此一來，更助長了大眾的好奇心。

兩個月後，福特終於透露，新的A型汽車將於12月上市。這比宣佈工廠停工，所引起的震動更大。

年底，色彩華麗、典雅輕便而價格低廉的福特A型車終於在大眾長期翹首等待中源源上市，果然盛況空前。它成就了福特公司第二次起飛的輝煌局面。

福特公司由於T型車的開發，早已確定了它在美國汽車工業中的領先地位。這次面對各家公司以色彩、外形為武器發起的挑戰，福特並沒有直接應戰，而是養精蓄銳，揚長避短，抓住質量、價格這兩個關鍵做充分準備，一旦爆發，就逼得對手由強變弱，由優變劣了。

這就是老福特的錦囊妙計——以逸待勞。

用計錦囊

以逸待勞，是一種調動敵人的方法。《孫子兵法》中說：凡是先在陣地上等待敵人到來者，就安逸而精力充裕，而後到陣地，倉促應戰者則必然疲勞。所以，凡是善於指揮作戰的人，必能做到調動敵人，而不為敵所調動。

在現代商戰中，「以逸待勞」表現為一種以不變應萬變、以小變對大變的謀略。商戰決策者面對錯綜複雜的市場，應靜觀其變，研究對策，控制局勢的發展。

第五計◆趁火打劫

計名探源

趁火打劫，原意是：趁人家家裡失火，一片混亂，無暇自顧的時候，去搶人家的財物。趁人之危撈一把，這可是不道德的行為。

此計用在軍事上，指的是：趁敵方遇到麻煩或危難時進兵出擊，將其制服。

《孫子・始計篇》云：「亂而取之。」

唐朝杜牧注曰：「敵有昏亂，可以乘而取之。」

春秋時期，吳國和越國爭霸，戰事頻繁。經過長期爭戰，越國不敵，只得俯首稱臣。越王勾踐被扣在吳國，失去行動自由。

此時，勾踐對吳王夫差百般逢迎，終於騙得夫差的信任，被放回越國。回國之後，他依然順心臣服，年年進獻財寶，以麻痺夫差。在國內，他則採取了一系列富國強兵的措施。幾年後，實力大大增強，人丁興旺，物資豐足，人心穩定。

吳王夫差卻被勝利沖昏了頭腦，惑於勾踐故意露出的假象，不把越國放在眼裡。他驕縱兇殘，拒絕納諫，殺了一代忠臣伍子胥，重用奸臣，堵塞言路；生活淫靡奢侈，大興土木，搞得民窮財盡。

公元前四七三年，吳國顆粒不收，民怨沸騰。越王勾踐選中吳王夫差北上和中原諸侯在黃池會盟的時機，大舉進兵攻吳。吳國國內空虛，無力還擊，很快被擊破，滅亡。

勾踐的勝利，正是乘敵之危，就勢取勝的典型戰例。

原文

敵之害大①，就勢取利，剛夬柔也②。

注釋

①敵之害大：害，指敵人所遭遇到的困難、危厄的處境。

②剛夬柔也：語出《易經·夬卦》。夬（音怪），卦名。本卦為異卦相疊（乾下兌上）。上卦為兌，兌為澤；下卦為乾，乾為天。兌上乾下，意為有洪水漲天之象。《夬卦》的《彖》辭說：「夬，決也。剛決柔也。」決，沖決、沖開、去掉的意思。因《乾卦》為六十四卦的第一卦，乾為天，是大吉大利的貞卜，所以此卦的本義是力爭上游，剛健不屈。所謂剛決柔，就是下乾這個陽剛之卦沖決上兌這個陰柔的封。此計是以「剛」喻己，以「柔」喻敵，言乘敵之危，就勢而取勝的意思。

譯文

當敵方遇到困難、危機時，就要乘機出兵，奪取利益。這是一個果敢決斷，趁人之危，以制服對手的謀略。

講解

令敵方發生混亂的情形不外三種：一是內憂；二是外患；三是內外交害。這些混亂就是敵方之「火」。我方應抓住機會，乘勢「打劫」，則敵人之勢必大大削弱。此後，我方的行動就容易多了。

「趁火打劫」之含義有：明爭暗奪、入夥分利、乘危取利、落井下石。「打劫」的方法應注意。若運用不當，恐引火燒身。

釋解妙計

古人按語：敵害在內，則劫其地；敵害在外，則劫其民；內外交害，則劫其國。如：越王乘吳國內蟹稻不遺種而謀攻之，後卒乘吳北會諸侯於黃池之際，國內空虛，因而篇之，大獲全勝。（**《國語·吳語越語下》**）

這則按語把「趁火打劫」之計具體化了。所謂「火」，即敵方的困難、麻煩。敵方的困難不外乎兩個方面，即內憂、外患。天災人禍，經濟凋敝，民不聊生，怨聲載道，農民起義，內戰連年，都是內憂；外敵入侵，戰事不斷，都是外患。敵方有內憂，就佔它的領土；敵方有外患，就爭奪他的百姓；敵方內憂外患，岌岌可危，趕快兼併它。總之，抓住敵方大難臨頭之際，盡快進兵，肯定穩操勝券。

《戰國策・燕二》中的著名寓言「鷸蚌相爭，漁翁得利」，也是「趁火打劫」之計的形象體現。

典故名篇

❖ 宋襄公草率迎敵，一敗塗地

春秋時期，宋國國君宋襄公領兵攻打鄭國。鄭國慌忙向楚國求救。楚國國君派能征善戰的大將成得臣率兵向宋國本土發起攻擊。宋襄公擔心國內有失，只好從鄭國撤兵。宋楚雙方的軍隊在泓水相遇。

宋國大司馬公孫固知道宋國遠不是楚國的對手，急勸襄公道：「楚國是大國，兵多將廣，土地遼闊，我們一個小小的宋國，哪能與它相匹敵？還是跟楚國議和吧！」

襄公一聽，憤然道：「楚軍雖說兵力有餘，但仁義不足；我們宋國兵力不足，但仁義有餘。仁義之師，必戰無不勝。大司馬為什麼長敵人志氣，滅自家威風？」

公孫固還想爭辯。襄公怒沖沖地制止他說話：「我意已決，不要說了！」語畢，命人作了一面大旗，高高地豎立起來，旗上繡著「仁義」兩個醒目的大字。

戰鬥開始，楚軍吶喊著強渡泓水，向宋軍衝殺過來。宋將司馬子魚看到楚軍一半渡過河來，一半還在河中，就勸襄公下令進攻，打他一個措手不及。

襄公卻說：「本王一向主張『仁義』。敵人尚在渡河，我軍趁此進攻，哪還有什麼『仁義』可言？」

楚軍渡過河，見宋軍沒有發起進攻，於是從容布陣。

司馬子魚又勸宋襄公：「大王，楚軍立陣未穩，我們趕快進攻，還有希望獲勝！」

襄公指著迎風飄揚的「仁義」大旗，說：「我們是『仁義』之師，怎能趁敵人布陣未穩，就發起進攻！」宋軍仍然按兵不動。

楚軍布好陣，以排山倒海之勢向宋軍殺來。宋軍被楚軍的威勢嚇破了膽，不等短兵相接，一個個掉頭就跑。楚軍乘勢掩殺，宋軍丟盔棄甲，一潰千里。襄公本人被一箭射中大腿，「仁義」大旗則成了楚軍的戰利品。

襄公慘敗之後，還不服氣，對司馬子魚說：「仁人君子作戰，重在以德服人。敵人受了重傷，不應再去傷害他；看見頭髮花白的敵人，也不應俘虜他。敵人還沒有擺好陣，我們就擊鼓進軍，這不能算是堂堂正正的勝利。」

司馬子魚長嘆道：「我們宋國兵微將寡，本不是楚國的對手，不應該跟楚國交戰。大王您卻非要交戰不可。一旦交戰，就應抓住戰機。您又錯過戰機，不許進攻——打仗是槍對槍、刀對刀的事，你不殺他，他就殺你，這時候哪還有什麼『仁義』可言？如果不趁勢出擊，講『仁義』，那就不要打仗了，這不是更『仁義』嗎？」

襄公無言以對。

第二年五月，宋襄公因傷勢過重，久治不癒，死了。

❖「三劍客」尋找機遇

一九五八年，孟春時節。香港的經濟開始進入快速發展階段。然而市容依舊，幾幢英資洋行的高樓形單影孤，懸立半空，下面是一大片參差不齊，破破舊舊的樓房、平房和柵屋工廠區，顯得很不協調。

在渣甸山半山腰間，卻有三個人似乎對此頗感興趣。他們站在那裡，朝著山下指指點點。為首一位身材微胖的中年人名叫郭得勝。在他左右兩邊站立者，一個叫馮景禧，一個叫李兆基。

這三個人，後來成了鼎鼎有名的地產業「三劍客」。

「搞地產好！」32歲的李兆基在三人當中是「小弟弟」，話語中流露出一股「初生牛犢不畏虎」的氣勢：「鈔票這東西不保險！政治氣候一變化，一夜間就可能成了一堆廢紙！」

「說得對！所謂無地不富。想發大財，一定得在房地產上搏一搏！」35歲的馮景禧接過話來。他是一個不折不扣的冒險家，從20歲起，越洋販魚苗，販香蕉，什麼活沒幹過！一想起房地產的風險性，他就來勁了。

此時，在他們眼中，那些破房子、破工廠彷彿都變成了聚寶盆。

郭得勝一直沒有插話。他已經47歲，是三人中當然的「大哥」。按理說，他既已年近半百，十幾年批發洋貨和眼前專銷商品的收入，已足夠他富貴榮華地享受後半生了。然而，他雄心正盛，想重新開拓一個完全陌生的領域。大器晚成的他，心中湧動著一股如同年輕人般的創業激情！他緊緊握住兩位朋友的手，語重心長地說：「只要我們同心協力，必有發財的機會！」

不久，「三劍客」和另外幾名股東共同創立了永業企業有限公司，開始在地產界施展拳腳。

一九六三年，「三劍客」從永業企業有限公司中退出，重新註冊了一家新公司，取名為「新鴻基企業有限公司」，年長而又深謀遠慮的郭得勝被推為董事會主席。

「新鴻基」的規模不算大：註冊資金不過五百萬港元，實際資本三百萬港元。它以穩步發展為策略。「三劍客」不急不躁，耐心尋找和等待機遇。

一九六五年，香港發生銀行擠提風潮。英資利用危機，一口氣吞掉了「廖創興」，「恒生」等華資銀行50%的控股權。「廣東信託」銀行則宣佈倒閉。當時，香港當局甚至要從英國空運英鎊來港應急。

一波未平，一波又起。一九六七年，大陸「文化大革命」風波狂捲，香港地產市道一落千丈。但是，對於具有遠見膽識的人來說，這卻是一個千載難逢的機遇。

「敢不敢冒險？」

「三劍客」坐在一起商量。他們的臉上看不到當時許多有錢人常見的焦慮、苦悶、恐慌的神色，反而顯出了幾分被意志力強壓著的興奮與得意。

「我看中國政府不可能現在就收回香港。要收，早在一九四九年就收了，何必等到今天？」郭得勝不愧是深謀遠慮、持重歷練之人。

「現在地皮、樓房價格很低，應該趁機買下一批。待風頭火勢過去，房地產價格一定上升到比以前更高的價位。」有「鐵算盤」之稱的李兆基一向精於計算。

「賭一把！」馮景禧儘管從來不上賭桌，卻克服不了年輕時創業的冒險勁頭。

「好，就這麼定了！《三十六計》中不是有一計叫『趁火打劫』嗎！我們就是要趁機大撈一把。」郭得勝語調激昂。

接下去是一幕戲劇性的場面……

香港眾多富豪叫嚷著移民。「三劍客」偏偏逆流而上，不動聲色地套回現金，大量吸納廉價樓宇和地皮。

一九六八年，局勢趨穩，地價回升，工商業又開始繁榮。一九七〇年，地產開始出現高潮。新鴻基企業公司趁機將所建樓宇大批售出，在地價上大賺了一大筆。而且，由於它實施分期付款，一時竟雄霸了工業樓宇市場。

從一九六五至七二年，新鴻基公司經手售出的樓宇總值達五・六五億港元。以公司成立八年計算，每年平均做七千萬港元地產生意。這對於一家只有三百萬實有資金的公司來說，業績已算是相當可觀了。「三劍客」在香港地產業上創造了一個驚人的奇蹟。

用計錦囊

什麼時機可以選用此謀略？

從戰略全局上看，敵方危機的形成，大致來自天災人禍、內戰蜂起或外敵入侵。揆諸中國古代戰爭史，運用此計謀獲勝的戰例很多。越王勾踐滅吳便是一例。

在現代商戰中，「趁火打劫」是指經營者不失時機地捕捉對手的經濟情報，一旦火候適度，就果斷出擊。

在市場經濟大潮中，激烈的競爭，大浪淘沙，必然有某些企業會出現虧損，甚至倒閉的情況。然而，這正是產業結構調整的最佳時機。此外，政治動亂和戰爭、瘟疫等「天災人禍」，有時也是一種機遇。「趁火打劫」的一個特定含義，就是指趁這個「機」，壯大和發展自己的經濟實力。

商戰中的機遇稍縱即逝，失而不可復得，能否就勢取利，關鍵在於身處其中者能否把握機遇。

第六計◆聲東擊西

計名探源

聲東擊西，是忽東忽西，即打即離，製造假象，引誘敵人做出錯誤的判斷，然後乘機殲敵的策略。為使敵方的指揮發生混亂，行動必須靈活機巧：本不打算進攻甲地，卻佯裝進攻；本來決定進攻乙地，卻隱藏任何進攻的跡象。似可為而不為，似不可為而為之，敵方就無法推知我方意圖，被假象迷惑，做出錯誤的判斷。

東漢時期，班超出使西域，目的是團結西域諸國。為了使西域諸國便於共同對抗匈奴，必須先打通南北通道。

其時，地處大漠西緣的莎車國卻煽動周邊小國歸附匈奴，反對漢朝。班超決定首先平定莎車。莎車國王急向龜茲求援。龜茲王親率五萬人馬，援救莎車。

班超聯合於闐等國，兵力只有二萬五千人，敵眾我寡，難以力克，必須智取。為此，他定下聲東擊西之計，以迷惑敵人。他派人在軍中散佈對自己的不滿言論，製造打不贏龜茲，準備撤退的跡象。並且，特別讓這些言論流進莎車俘虜的耳朵。

一天黃昏，班超命於闐大軍向東撤退，自己率部向西撤退，表面上顯得慌亂，故意讓俘虜趁機逃脫。俘虜逃回莎車營中，急忙報告漢軍慌忙撤退的消息。

龜茲王大喜，誤以為班超懼怕自己而慌忙逃竄，欲趁此機會，追殺班超。他立刻下令兵分兩路，追擊逃敵，並親率一萬精兵，向西追殺班超。

班超胸有成竹，趁夜幕籠罩大漠，撤退僅十里地，部隊即就地隱蔽。而龜茲王求勝心切，率領追兵從班超隱蔽處飛馳而過。

班超立即集合部隊，與事先約定的東路于闐人馬迅速回師，殺向莎車。班超的部隊如從天而降，莎車猝不及防，迅速瓦解。莎車王驚魂未定，逃走不及，只得請降。

龜茲王氣勢洶洶，追趕一夜，未見班超部隊蹤影，又聽得莎車已被平定、人馬傷亡慘重，大勢已去的報告，只有收拾殘部，悻悻然返回龜茲。

原文

敵志亂萃①，不虞②，坤下兌上之象③，利其不自主而取之。

注釋

①敵志亂萃：援引《易經·萃卦》中《象》辭「乃亂乃萃，其志亂也」之意。萃，悴，即憔悴。意即敵人神志昏亂而疲憊。

②不虞：未意料、未預料。

③坤下兌上：萃卦為異卦相疊（坤下兌上）。上卦為兌，兌為澤；下卦為坤，坤為地。有澤水淹及大地，洪水橫流之象。此計是運用「坤下兌上」之卦象的象理，使「敵志亂萃」，陷於錯亂叢雜，危機四伏的處境。我方則要抓住敵人不能自控的混亂之勢，機動靈活地運用時東時西、似打似離，不攻而示之以攻，欲攻而又示之以不攻等戰術，進一步造成敵人的錯覺，出其不意地一舉奪勝。

譯文

這裡沒有「講聲東擊西」的用法，只是強調用計的條件。就是說：當敵方指揮官思維混亂，失去清醒的判斷時，運用計謀，才容易成功。

講解

《百戰奇謀》中說：「聲東而擊西，聲此而擊彼；使敵人不知其所備，則我所攻者，乃敵人所不守也。」一句話，「聲東擊西」就是製造假象，擾敵視聽，使其做出錯誤之判斷，然後乘其不備，攻其要害，奪取勝利。此計一般用於主動進攻之時。「聲東」是虛，「擊西」是實。使敵方以虛為實，然後避虛就實，便是「聲東擊西」。

釋解妙計

古人按語：西漢，七國反，周亞夫堅壁不戰。吳兵奔壁之東南脈，亞夫便備西北；已而吳王精兵果攻西北，遂不得入。（《漢書》四十《周勃傳》附）此敵志不亂，能自去也。漢末，朱雋圍黃巾於宛，張圍結壘，起土山以臨城內，鳴鼓攻其西南。黃巾悉眾赴之。雋自將精兵五千，掩其東北，遂乘虛而入。此敵志亂萃，不虞也。然則聲東擊西之策，須視敵志亂否為定。亂，則勝；不亂，將自取敗亡，險策也。

這則按語通過使用此計的兩個戰例，提醒使用此計的人必須考慮對手的情況：確可擾亂敵方指揮，用此計必勝；如果對方指揮官頭腦冷靜，識破計謀，此計就不可能發揮效力。黃巾軍中了李雋佯攻西南方之計，遂丟失宛城（今河南南陽）。而周亞夫處變不驚，識破敵方計謀。吳軍佯攻東南角，周亞夫下令加強西北方的防守。待吳軍主力進攻西北角，周亞夫早有準備，吳軍無功而退。

典故名篇

❖ 美國鐵路大王摩根

在十九世紀末的美國，隨著資本主義工商業的迅猛發展，鐵路運輸量也急劇增加，全國鐵路建設的總投資達到40億美元。短短兩年，鐵路總長達5萬公里，相當於紐約到舊金山直線距離的10倍以上。但由於鐵路建設毫無規劃，鐵路業者各自漫無節制地發行公司債券或股票，出現一片混亂的競爭局面。

摩根瞇著那雙深沉的眼睛凝視著遠方，猛吸著雪茄。這正象徵著他永不屈服的心境。在他內心已暗自下定決心：「一定要大聯合！」

鐵路巨人范德比爾特所開創的事業後繼無人。惟一可寄希望的兒子威廉不想接下父親的事業，一心只想在故鄉的土地上從事農作。

這天，威廉應摩根之邀，到麥迪遜街二一九號的寓所。摩根對這鐵路巨人之子展開了說服工作。他用敲山震虎的辦法，整整花了兩個晚上的時間才終於獲得成功。

「西海岸鐵路，你想不想買？」

威廉被摩根提出的這一問題嚇了一大跳，他滿臉疑惑：「什麼？買這條鐵路？」

「是的。別看這條鐵路現在入不敷出，虛空很多，但不一定就不值得買。如果路線和紐約中央鐵路相平行，未來的發展可能不怎麼樣。反之，讓它從紐約到芝加哥，再由芝加哥一直延伸到加利福尼亞州，就成了五大湖地區最大的動脈幹線。這條鐵路競爭異常激烈，放棄了，就可能使紐約中央鐵路也落個倒閉的下場。」

摩根的話裡帶著幾分威脅的意味。

「這……我也這麼想。但是，一直呈赤字的西海岸鐵路只能不斷發行虛增的轉換債券……我一直在東買西買，但最後都被迫放棄。瀕臨破產的那條鐵路，現在連一點錢都拿不出來了！」威廉的回答語氣微弱。

「有人說這條長達六四〇公里的鐵路是一條可以吞下七千萬美元的巨鯨。我想，你懂得這話的含義。我們沒有理由把它放棄！就算……我拜託你買下來，可以嗎？」

威廉十分清楚摩根的戰略，即使他的請求被拒絕，摩根也能夠買下西海岸鐵路！西海岸鐵路儘管即將破產……不！應該說是已經破產了，賓夕法尼亞鐵路的董事長羅勃茲仍然在買這條鐵路的股票。經營儘管虛空，銷售的價錢也絕對不便宜，那為什麼摩根非買這些股票不可呢？

「那好，就照你的意思辦吧！」威廉雖然滿腹疑問，但仍然答應了摩根的要求。他是個弱者，無法堅持到底。

幾天後的一個星期日，賓夕法尼亞鐵路的董事長羅勃茲應邀到摩根的「海盜號」遊艇上做客。

一聲刺耳的汽笛聲打破了紐約灣的寧靜。「海盜號」啟航了。

「羅勃茲先生，聽說你大學時代是個高材生呀！什麼時候畢業的？」摩根問道。

「一八四九年。我畢業時，加州正興起淘金熱，我剛好碰上了。」羅勃茲用極為狂妄的語氣回答，談吐間顯露出倔傲的神情。

「若不是給你們這些掮客面子，就憑我堂堂大鐵路的董事長，怎會輕易前來！」這位人稱響尾蛇的鐵路鉅子心裡這麼想著，臉上也現出驕矜之氣，一副「你要我來，有屁快放」的神情。兩個人一開始就話不投機。

摩根看到這個大他4歲的對手如此氣勢淩人，立即轉移話題，攻擊他的弱點。羅勃茲也不甘示弱，以牙還牙，不斷揭摩根的老底。

兩人正勾心鬥角，互不相讓之際，德普手拿酒杯，加入他們之間的談話。

「你在西海岸鐵路爭奪戰中是穩操勝券了，堂堂范德比爾特的兒子居然敗在你手下。話說回來，也許在西海岸鐵路之爭中威廉輸了，可是，如果他和強手卡內基聯手，那麼在南賓夕法尼亞的鐵路爭奪戰中，你就難保能勝券在握了。」洞悉摩根心意的德普以間接強迫的方式企圖說服羅勃茲。

摩根馬上接著他的口氣說下去：「在資金上，我將全力支持威廉・范德比爾特，而他本人也決心血戰到底。」

「那好啊！我絕對奉陪到底！」羅勃茲毫不猶豫地回答，語氣十分強硬。

這場爭論在遊艇到了哈德遜河岸摩根的古拉格松別墅之時，還未停止。

晚餐後，他們離開古拉格松別墅，起航駛向歸途。「海盜號」在一片迷茫的夜色中回到華爾街所在的曼哈頓島。

「羅勃茲先生，我想，咱們應該停止這場沒有意義的舌戰了吧？」臨別前，摩根主動向對方提議。

「停戰的條件呢？說來聽聽！」

是羅勃茲喝醉了嗎？摩根聽到這句話，感到十分意外。

「德普，快將預算表拿給羅勃茲董事長看看！」

稍頃，德普拿出早已準備好的預算表，攤開了，放在船中間的桌子上，以實際數據向羅勃茲說明，萬一范德比爾特和卡內基在南賓夕法尼亞的鐵路工程停止了，將會蒙受多麼慘重的損失……等等。

「這只是到目前為止所投下的實際建設費用，用來補償賓夕法尼亞鐵路方面的損失，足夠了吧？」德普直截了當地開出價碼。

「也就是說，用成本價就可以買下南賓夕法尼亞鐵路？」羅勃茲點燃煙斗。

「沒錯！夠便宜了吧？但對賓夕法尼亞鐵路而言，可以消除一條價值遠大於此的競爭路線！」摩根也點燃雪茄。一時間，繚繚的煙霧彌漫在狹窄的船艙內。

「嗯……然後，我也把西海岸鐵路的股價以收購時的原價賣給紐約中央鐵路，是嗎？」羅勃茲很快就弄明白是怎麼回事了。

「沒錯！您是拿正在下沉的木船換一條建造中的軍艦，太划得來了，哈哈……」摩根趁熱打鐵。「那麼，和解啦！」

三個人不約而同地伸出了右手，緊緊地握在一起。

成功地走完這重要的一步，摩根又順利地取得了國家銀行總裁喬治・貝克的信任和支持，開始了美國鐵路實行「摩根化體制」的企業改組。到一九〇〇年，摩根財團光是鐵路幹線，就控制了10萬公里以上，鐵路運費一下子上升了20倍。美國鐵路的三分之二已被他牢牢掌握，那些一息尚存的獨立者已遠遠無法與他匹敵。

摩根無可爭辯地贏得了「鐵路大王」的桂冠，而且為他那龐大的家族金融帝國打下穩固的根基。他用自己的智慧，採用「聲東擊西」的謀略，開始了他最成功的一步。

❖ 稻盛和夫的推銷術

一九六二年，京都窯業公司的稻盛和夫隻身前往美國。此行的目的，並不是要開拓美國市場，而是為了打進日本本土。

三年前，稻盛和松風工業公司的一名職員共同創建京都窯業公司。他們拼命工作，努力奔走，推銷自家公司的產品，積極說服各家廠商試用。但是，當時美製品佔據了大半的日本市場，大型電器公司只信任美國製品，根本不採用日本廠商自己生產的東西。

稻盛心想：既然日本市場猶如銅牆鐵壁，難以打入，不如以奇招制勝。這一招就是使美國的電機工廠使用京都公司的產品，然後再輸入日本，以引起日本廠商的注意。屆時再攻入日本市場就容易多了。

美國廠商不同於日本，他們不拘泥於傳統，不管賣方是誰，只要你的產品精良，經得起他們的測試，就一律會採用。這給稻盛帶來了一線希望。

儘管如此，想在美國推銷產品也不是一件容易的事。稻盛在美國待了將近一個月，推銷行動全都吃了閉門羹。遭到這樣的失敗，他很生氣，下決心再也不去美國。但是，回國之後發現，除了這個招術，實在沒有別的辦法。他只好又返回美國。

上天不負苦心人。稻盛從西海岸到東海岸，一家一家拜訪，在吃了數十家電機、電子製造廠商的排頭之後，碰到德克薩斯州的中緬公司。這家公司為了生產阿波羅火箭的電阻器，正在找尋耐度高的材料。經過非常嚴格的測試，京都公司的產品終於擊敗了德國與美國許多知名大廠的製品而獲得採用。

這是一個轉折點。京都公司的製品獲得中緬公司的好評而採用之後，許多美國的大廠商也陸續與他們接觸，終於使稻盛如願以償，將產品輸到美國，使它成為美國產品後再運回日本。京都公司的產品就這樣在日本打響了。

用計錦囊

聲東擊西，是藉由製造假象，佯動誤敵，以偽裝攻擊方向的謀略，通常是採用靈活機巧的行動——不攻而示之攻，欲攻而示之不攻；形似必然而不然，形似不然而必然；似可為而不為，似不可為而為之；忽東忽西，即打即離；巧妙地製造假象，促使對手指揮意志發生混亂。我之舉動敵人無法推知，我便可以出其不意，攻其不備，一戰而勝。

在商業活動中，市場競爭激烈，各種關係錯綜複雜。所以，經商本身就是智力的角逐，有時必須掩蓋自己的真實意圖，有意地轉移對手的注意力。比如欲買而示之以不買，欲賣而示之以不賣；低價可賣而示以高價，高價可買而示以低價……等等。

第二套

敵戰計

第七計◆無中生有

計名探源

無中生有，「無」，指的是「假」，是「虛」；「有」，指的是「真」，是「實」。無中生有，就是真真假假，虛虛實實，真中有假，假中有真，虛實互變，擾亂敵人，使敵方判斷失誤，行動失誤。

此計可分解為三部曲：第一步，示敵以假，讓敵人誤以為真；第二步，讓敵方識破我方之假，掉以輕心；第三步，我方變假為真，讓敵方仍誤以為假。這樣，敵方思路已被擾亂，主動權就被我方所掌握。

使用此計，有兩點應予注意：第一，若敵方指揮官生性多疑，過於謹慎，此計特易奏效。第二，要抓住敵方思路已經迷惑不解之機，迅速變虛為實、變假為真、變無為有，出其不意地攻擊之。

唐朝安史之亂時，許多地方官紛紛投靠安祿山、史思明。唐將張巡忠於唐室，不肯投敵。他率領二、三千人的軍隊駐守孤城雍丘（今河南杞縣）。安祿山派降將令狐潮率四萬人馬圍攻。敵眾我寡，張巡雖取得幾次出城突襲的小勝，無奈城中箭矢越來越少，趕造不及。沒有箭矢，很難抵擋敵軍攻城。

張巡想起三國時代諸葛亮草船借箭的故事，心生一計。他命令軍中搜集稭草，紮成千餘個草人，將草人披上黑衣，夜晚用繩子慢慢往城下吊。夜幕中，令狐潮以為張巡又要乘夜出兵偷襲，急命部隊萬箭齊發，勢如驟雨。張巡輕而易舉，獲敵箭數十萬支。令狐潮天明後知道中計，氣急敗壞，後悔不迭。

第二天夜晚，張巡又從城上往下吊草人。賊眾見狀，哈哈大笑。張巡見敵人已被麻痺，就迅速吊下五百名勇士。敵兵仍不在意。五百勇士在夜幕掩護下，迅速潛入敵營，打得令狐潮措手不及，營中大亂。張巡乘此機會，率部衝出城去，殺得令狐潮大敗而逃，損兵折將，只得退守陳留（今開封東南）。

就這樣，張巡巧用無中生有之計，保住了雍丘城。

原文

誑①也，非誑也，實②其所誑也。少陰③、太陽、太陽④。

注釋

①誑（音狂）：欺詐、誑騙。

②實：實在、真實。此處作意動詞。

③陰：指假象。

④陽：指真相。

譯文

通俗地說，就是用假情況去蒙騙敵人。但不是弄假到底，而是要巧妙地由假變真。在連續採用假攻擊，造成敵人的錯覺之後，就要果敢地轉為實際的攻擊。其基本邏輯程序是：假——假——真。

講解

此計可指憑空捏造、栽贓陷害。廣義上指採取虛實相雜、真假相間的手段，用假象欺騙敵人，致其判斷失誤且行為錯誤的計謀。

此計之中，「無」是迷惑敵人之假象，「有」是施計之方欲實現的真實意圖。同時，「無」亦可指沒有條件，「有」指創造出的條件。「無」可直接生「有」，關鍵是要了無破綻。

「無中生有」有三種含義：憑空捏造、以假代真、無事生非。

釋解妙計

古人按語：無而示有，誑也。誑不可久而易覺，故無不可以終無。無中生有，則由誑而真，由虛而實矣。無不可以敗敵，生有則敗敵矣。如：令狐潮圍雍丘，張巡縛蒿為人千餘，披黑衣，夜縋城下；潮兵爭射之，得箭數十萬。其後復夜縋人，潮兵笑，不設防。乃以死士五百砍潮營，焚壘幕，追奔十餘里。（《新唐書》卷一九二《張巡傳》）

典故名篇

❖ 彼得大帝假書退敵

十八世紀初，俄國和瑞典為爭奪波羅的海控制權，爆發了大規模的戰爭。瑞典在第一次進攻失利以後，經過一段時間認真的準備，又糾集強大的海軍和陸軍，向俄國發動第二次進攻。

瑞典的這次進攻聲勢兇猛，很快就在俄國沿海登陸。當時，俄國沿海地區兵力薄弱，被瑞典人逼得一再後退。為此，俄國軍民士氣渙散，國內一片混亂。俄國統治集團內部意見分歧嚴重。有人建議，俄軍放棄沿海要地和正在修建的防禦工程，退到國內腹地後，再做進一步的打算。

在俄國面臨危急之際，彼得大帝異常冷靜。他知道瑞典國王查理十二和瑞典軍隊的將領一向行事謹慎，缺乏果斷的精神和堅定的意志。若能利用瑞典人的這一弱點，俄國就可轉危為安。

為此，彼得大帝派遣一大批緊急信使，攜帶自己的親筆命令奔赴各地。他的這些命令要求各地指揮官立刻派援軍支援沿海地區。其實，他所提到的這些援軍有的根本不存在，有的遠水解決不了近渴。負責傳送命令的信使故意糊裡糊塗地亂走，粗心大意地暴露身分，結果被瑞典軍俘獲，身上的密信也被搜出。

瑞典軍將領對彼得大帝的絕密命令十分在意，認為俄國人隱瞞了軍事實力，俄國軍隊之所以不進行頑強的抵抗，退出沿海地區，是因為他們已定下更深遠的陰謀。在這種想法支配下，瑞典軍隊放棄了已佔領的俄國沿海地區，迅速撤回本國。

彼得大帝以一紙假書信嚇退了敵人，不廢一槍一彈就解除了瑞典軍隊對沿海地區的圍困，保住了新都聖彼得堡和戰略設施工程，使俄國度過了難關。

❖ 蘭麗綿羊油杜撰故事，譽滿市場

一九七六年10月，美國加州蘭麗公司的代理商在報紙上刊登了一則廣告。畫面是用細線條畫成的一隻手和幾隻羊。標題是：「很久以前，一雙手展開了一個美麗的傳奇故事！」並注明故事內容已編成一本彩色的英語畫冊，另附中文說明，函索即刻贈閱。

當消費者收到畫冊，會看到一個很有趣的故事，內容是——

「很久很久以前，在一個很遙遠的地方，有一位很講究美食的國王。在皇家的御廚房中，有一位烹飪技藝高超的廚師，他所作的大小餐點都極受國王的喜愛。

「有一天，國王忽然發現餐點的味道變差了。將廚師叫來一問，才知道廚師那雙巧手不知為什麼，突然變得又紅又腫，當然就做不出好餐點來了。國王立即命御醫為廚師醫治。可惜醫治無效，逼得廚師不得不離去。

「廚師流浪到森林中的一個小村落，幫助一位老人牧羊。他常常用手去撫摸羊身上的毛，漸漸地發覺手不痛了。後來，他又幫老人剪羊毛，手上的紅腫亦漸漸消失。他欣喜自己的手痊癒了，遂離開牧羊老人，返回京城，正遇上皇家貼出告示，徵召廚師。

「於是，他蓄鬚前往應徵。他所作的大小餐點都極受國王欣賞。由此，他知道自己的手已恢復過去的靈巧。被錄用之後，他剃去了鬍鬚，回復了過去的相貌。

「國王召見了他，問他的手是如何治好的。他想了想，說：『大概是用手不斷整理羊毛，無意中獲得治療。』

「根據這一線索，國王讓科學家詳細研究。結果發現，羊毛中含有一種自然的油脂，提煉出來，有治療皮膚病的功能。國王將此種油脂命名為『蘭麗』。」

這個故事是由美國加州的蘭麗公司杜撰出來，代理商將它傳播給消費者，是順理成章的公關策略。這個故事更美化了這種產品。

不久，報上又出現第二則蘭麗公司的廣告。畫面是一位懷孕待產的媽媽正坐在一張搖椅上；標題是：「恭喜你，龍媽媽！」

一九七六年是中國的龍年，在該年所生的嬰兒都被稱作龍子或龍女，做母親的被譽為龍媽媽。廣告內文中說明：「產前產後，每天用幾滴蘭麗綿羊油輕輕按摩腹部，可幫助鬆弛的腹部收縮，保持您的身體苗條。」

很顯然，這則廣告訴求的對象是家庭婦女，特別是才結婚不久的懷孕女子。

一個月後，第三則廣告刊出。畫面是一位家庭主婦站在門口送丈夫去上班、孩子去上學。標題是：「滿載著愛心出門！」內文中說明：「在冬天，讓你的先生和孩子用一些這種產品之後出門，你就不必擔心他們的皮膚會粗糙、乾裂了。」這則廣告又進一步向廣大的家庭主婦提出訴求，並擴大了產品的用途。

春節前後，第四則廣告刊出。畫面是一位祖母級的家庭婦女坐在沙發上，翻閱照相冊。標題是：「祖母的心願——假如我再回到18歲！」內文中說明：「我現在惟一的遺憾是臉上皺紋多了些。假如我再回到18歲，我一定要及早注意皮膚的保養。」

廣告再進一步，向家庭中的少女訴求，又擴大了用途。

一九七七年母親節前夕，又有廣告見報。畫面採用了手畫稿，畫中，一位女士攜著一包禮品。標題是：「媽，我回來了！」這則廣告，訴求的方向是：為人女兒者，宜買這種產品送給媽媽。在遠方的女兒，可用郵寄方式，託總代理將這種產品寄送到母親手中。

這些極富人情味的廣告，使蘭麗綿羊油逐步打進了家庭，讓許多家庭中的婦女感到生活中的確需要這種產品，使其在市場中逐步打開知名度。

蘭麗綿羊油只是蘭麗系列產品中的一種。一般來說，凡是開發出系列產品的廠商，都是在其中找出一種最具獨到特色的品種，將其塑造成這一系列中的領導性商品。

消費者如果對這種商品有了好感，對其它各種亦會隨之產生好感。像蘭麗系列產品，在一九七七年以前是由蘭麗綿羊油掛帥，其後逐漸由蘭麗綿羊霜取代。

❖ 耐人尋味的廣告

西方的廣告堪稱無孔不入，其中有許多都採用了「無中生有」的手法。

挪威報紙上有一則廣告說：「一種從美國進口的特效藥品——『阿里烏烏3000X』，禿子服用後能長出頭髮。這種藥不僅能治百病，服用後還能使汽車的耗油量降低15～20%。」這明明是胡扯，卻有不少人去買。

美國一家菸廠的廣告真可謂嘩眾取寵：「我們的香菸堪稱無與倫比。我們做過這樣的實驗：把香菸放進棺材，死人馬上爬起來，抽出一支菸，見人就要點火。」

美國芝加哥一家美容院的大門口，掛著這樣的廣告牌：「不要對剛剛從我們這裡出去的姑娘使眼色。她很可能是您的奶奶！」

芝加哥還有一家「面部表情研究所」，招生簡章說：「您在我們這裡將學會巧妙地皺眉，讓人一看就覺得您是挺誠實的人。」

瑞士旅遊公司的廣告牌上這樣寫著：「還不快去阿爾卑斯山玩玩！六千年後，這山就沒了！」

由於車禍多，到處都有警告司機的大牌子。美國伊利諾州有個十字路口旁的牌子上寫的是：「開慢點吧！我們已經忙得不可開交了！」落款是：「山姆棺材葬儀社」。

用計錦囊

從字面上說，「無中生有」的意思是憑空捏造，栽贓陷害。但在軍事上確有其深刻的含義。「無中生有」與「瞞天過海」有相似之處。它們都是通過公開的形式，即佯動，使敵方由高度戒備轉為放鬆警惕。

一般說來，「無中生有」中的「無」，即指迷惑敵人的假象，「有」就是在假象掩蓋下的真實企圖。空虛本身不可能戰勝敵人，只有人為製造出虛假的東西，才可以戰勝敵人。虛假的東西怎樣才能掩蓋真實的企圖呢？其一，短時間內，假象不可有半點紕漏。其二，蒙蔽的對像是那些頭腦過於簡單、謹慎的指揮官，並要選擇適當的時機。

俗話說：「學百樣，不如精一行。」多元化經營雖不失為經營之良法，許多企業也嘗到了它的甜頭。但「世事無絕對」，「精一行」有時也勝於「學百樣」。單一經營自有其無窮之魅力，問題在於從事者能否發掘出來。「無中生有」能為單一經營這樣狹小的經營空間創造出一個廣闊的天地。

商業機遇有時是靠等靠抓得來的，有時卻又是無中生有創造出來的。所以有人說：「財富是創造出來的。」

第八計◆
暗渡陳倉

計名探源

暗渡陳倉，意思是採取正面佯攻。待敵軍被我牽制而集結固守，我軍悄悄派出一支部隊迂迴到其後方，乘虛而入，進行決定性的突襲。此計與「聲東擊西」計有相似之處，都含括迷惑人、隱蔽進攻的作用。二者的不同處是：聲東擊西，隱蔽的是攻擊點；暗渡陳倉，隱蔽的是攻擊路線。

此計是漢代大將軍韓信所創造。「明修棧道，暗渡陳倉」，是古代戰爭史上很著名的成功戰例。

秦朝末年，政治腐敗，群雄並起，紛紛組織反秦鬥爭。劉邦的部隊首先進入關中，攻進咸陽。勢力強大的項羽進入關中之後，逼迫劉邦退出。鴻門宴上，劉邦險些喪命。脫險之後，只得率部退駐漢中。為了麻痺項羽，退走時，他將漢中通往關中的棧道全部燒毀，表示不再返回。其實，他一天也沒有忘記要擊敗項羽，奪得天下。

公元前二〇六年，已逐步強大起來的劉邦派大將軍韓信出兵東征。出征之前，韓信派了許多士兵去修復已被燒毀的棧道，擺出要從原路殺回的架勢。關中守軍聞訊，密切注視著漢軍修復棧道的進展情況，並派主力部隊在這條路線的各個關口要塞加緊防範，阻止漢軍的進攻。

韓信「明修棧道」的行動果然奏效。由於棧道一路吸引了敵軍的注意力，敵軍的主力調至此線，韓信得以立即派大軍繞道陳倉（今陝西寶雞縣東），發動突襲，一舉打敗章邯，平定三秦，為劉邦統一中原邁出了決定性的一步。

原文

示①之以動②，利其靜而有主③，「益動而巽」④。

注釋

①示：給人看。

②動：此指軍事上的正面佯攻、佯動等迷惑敵方的軍事行動。

③主：專心、專一。言敵方靜下心來專注（我方的佯動），則於我方有利。

④益動而巽（音訓）：語出《易經．益卦》。益，卦名。此卦為異卦相疊（震下巽上）。上卦為巽，巽為風；下卦為震，震為雷。意即風雷激盪，其勢愈增，故卦名為益。與損卦之義，互

相對立，構成一個統一的組卦。《益卦》的《彖辭》說：「益動而巽，日進無疆。」這是說，益卦下震為雷為動，上巽為風為順，那麼，動而合理，則天生地長，好處無窮。

譯文

以佯動顯示我準備沿某路線進攻，吸引敵方在那裡固守，我卻悄悄迂迴到另處，乘虛而入。這樣，利用人的一般思維習慣去行動，就如同開順水船一樣容易成功。

講解

「暗渡陳倉」與「聲東擊西」相比，只是目標暴露更明確、更單一，只求將敵人引至某地而非使之混亂。

「明修棧道」者，掩敵耳目之用也。施計方使敵人相信其必沿棧道而攻，遂集結兵力把守，而致施計方欲渡之「陳倉」空虛，即時出擊，敵方便難以應付，遂可取勝。

釋解妙計

古人按語：奇出於正，無正不能出奇。不明修棧道，則不能暗渡陳倉。昔鄧艾屯白水之北；姜維遣廖化屯白水之南，而結營焉。艾謂諸將曰：「維令卒還，吾軍少，法當來渡，而不作橋。此維使化持我，令不得還。必自東襲取洮城矣。」艾即夜潛軍，徑到洮城。維果來襲。而艾先至，據城，得以不破。

此則是姜維不善暗渡陳倉之計，而鄧艾察知其聲東擊西之謀也。

這則按語講出了軍事上「奇」、「正」的辯證關係。奇正相互對立，又相互聯繫。其實，奇正也可以互相轉化。比如說，「明修棧道，暗渡陳倉」，寫入兵書，此法可以說出奇變為正，而適時的正面強攻又可轉化為奇。

鄧艾識破姜維「暗渡陳倉」之計，認定姜維派廖化屯白水之南，不過是想迷惑自己，目的是襲取洮城。等姜維偷襲洮城，他已嚴陣以待。鄧艾懂得兵法中奇正互變的道理，識破姜維之計。由此可見，對於熟悉兵法的人來說，要掌握戰場上的千變萬化，使用各種計謀，必須審時度勢。機械地搬用某種計謀，必難以成功。

典故名篇

❖ 李愬雪夜破蔡州

唐朝憲宗時，擁有重兵的節度使吳元濟在蔡州起兵叛亂。憲宗兩度派兵征伐，都被吳元濟打敗。唐兵談「蔡」色變。八一六年冬，憲宗命令將軍李愬、李光顏分別從西線、北線進軍，再度討伐吳元濟。

李愬到任後，並不急於攻打蔡州。他率兵與吳元濟的叛軍打了幾次小仗，掃除了吳元濟的外圍據點，鼓舞了唐軍的士氣。

八一七年3月，李光顏從北線首先向吳元濟發起進攻，並且連戰連勝。吳元濟急忙把主力調往北線。李愬見有機可乘，當即召集屬下將領商討伐吳的良計。

將佐李祐曾是吳元濟的一員驍將，與李愬交戰，戰敗被俘。李愬不但沒有殺他，反而以禮相待。李祐十分感激，時刻想立功報答。此時，他對李愬說：「吳元濟為對付李光顏，把精兵強將都派到北線去了，如今留在蔡州的都是些老兵、弱兵，我們乘虛而入，出其不意，一定能大獲全勝！」

李愬分析了李祐的建議，認為只要計畫周密，不走漏消息，確實是一條妙計。於是他擬定了奇襲蔡州之策，卻對部下一字不漏。

這一年10月15日，風雪驟至，天氣奇寒。李愬認為時機已到，立即召集部下，發布進軍命令：李祐為先鋒，率三千人開路；自己統率三千人為中軍；部將李進誠率三千人為後軍。諸將向李愬探問進軍的目的地。李愬只道向東進發，不必多問。

行至夜晚，李祐的先鋒軍進至吳元濟叛軍所佔據的張柴村，發起襲擊，一舉殲滅叛軍。李愬命令部隊在張柴村做短時間休息後，留下五百人駐守，其餘人馬繼續向東疾進，並且宣佈：「夜襲蔡州，活捉吳元濟！」

諸將聽說要去蔡州，個個大驚失色，咸認必死無疑。但軍令難違，只得硬著頭皮向東走。到了下半夜，雪越下越大，風越刮越猛，一些弱兵、病馬，體力不支，紛紛倒斃在路邊。

快到蔡州城下時，李愬發現城外有一片鵝、鴨盤據的池塘，便命令士兵將鵝、鴨驅散，用棍棒打得鵝、鴨嘎嘎亂叫，以混淆大部隊行軍發出的聲音。

四鼓時分，李祐的先鋒軍抵達蔡州城下。天寒雪大，吳元濟的守門士卒做夢也想不到官軍會在這種天氣裡攻至城下，都在睡大覺。李祐率先爬入城牆，將守卒殺死，打開城門，讓大軍入城。

李愬率軍一直逼近吳元濟居住的牙城，叛軍才如夢方醒。但吳元濟聽到報告後，竟放聲大笑：「胡說八道！這時候哪會來什麼官軍……」

吳元濟居住的牙城十分堅固。李祐命令士兵在南門放火，大火燒毀了牙城的南門。吳元濟無力抵抗李祐的大軍，只好投降。

吳元濟投降後，李祐又招降了吳的部將董重質。各地叛軍遂土崩瓦解。至此，歷時四年之久的「平蔡」之戰畫上一個圓滿的句號。

❖ 兄弟商人演「雙簧」

在美國費城，一位老闆開了一家商店，名叫「紐約貿易商店」。

不久，又來了一位老闆，好像故意要與前一位老闆作對似的，竟然牆挨牆又開了一家同類商店，名叫「美洲貿易商店」。真是冤家路窄，兩家從一開始就互相競爭，很快演變成互相「競罵」。

「紐約貿易商店」掛出招牌：「新到愛爾蘭亞麻被單，質量上乘，價格低廉，每床6.5元。」「美洲貿易商店」立即針鋒相對，也掛出招牌：「只有我們的被單才貨真價實，每床5.95元。大家要擦亮雙眼，謹防假冒！」接著，雙方對罵，然後又競相降價。最後，「紐約貿易商店」支援不住了，敗下陣來，顧客爭相到「美洲貿易商店」搶購，直到搶走最後一條床單為止。大家都以為買到了最便宜的商品。

許多年後，其中一位老闆去世了，另一位老闆也停業搬了家。大眾覺得很奇怪：競爭對手消失了，可以獨佔市場，為什麼要停業？後來，謎底揭曉：兩位老闆是親兄弟，他們所進行的互相「競罵」原來是在演戲，所有的競爭價格都是騙人的，一方競爭失敗，會使另一方的商品全都售出。

兄弟倆明裡在互相競爭，暗中的目的卻是招徠顧客。在這裡，互相競爭是「明修棧道」，招徠顧客則是「暗渡陳倉」。另外，從親兄弟互相咒罵的角度說，又屬於「苦肉計」。也就是說，這一例證是「暗渡陳倉」和「苦肉計」的兼用。

用計錦囊

「暗渡陳倉」與「聲東擊西」，兩計有異曲同工之妙。不同的是：「聲東擊西」是隱蔽攻擊點的謀略，「暗渡陳倉」則是隱蔽攻擊路線的謀略。「暗渡陳倉」之謀略是著名的軍事家韓信所創造出來。

應用於商戰，此計可引申為：故意暴露自己的行動，用以迷惑、麻痺競爭對手或以此吸引顧客，然後暗中另開一條戰線，以戰勝對手或贏得顧客。

第九計◆隔岸觀火

計名探源

隔岸觀火，就是「坐山觀虎鬥」，「黃鶴樓上看翻船」。見到敵方內部分裂，矛盾激化，相互傾軋，勢不兩立，這時切切不可操之過急，免得反而促成他們暫時擱下對立，聯手對付你。正確的方法是靜候不動，讓他們互相殘殺，力量削弱，甚至自行瓦解。

東漢末年，袁紹兵敗身亡。幾個兒子為爭奪權力，互相爭鬥。曹操出兵擊敗袁氏兄弟。袁尚、袁熙兄弟投奔烏桓。曹操又進兵擊敗了烏桓。

袁氏兄弟復去投奔遼東太守公孫康。曹營諸將向曹操進言，要一鼓作氣，平服遼東，捉拿二袁。

曹操哈哈大笑道：「你等勿動！公孫康自會將二袁的頭送上門來。」隨即下令班師，轉回許昌，靜觀遼東局勢。

公孫康聽說二袁來降，心存疑慮。

袁家父子一向都有奪取遼東的野心，現在二袁兵敗，如喪家之犬，無處存身，投奔遼東，實為迫不得已。公孫康如收留二袁，必有後患。再者，收容二袁，肯定會得罪勢力強大的曹操。但他又考慮，如果曹操進攻遼東，只得收留二袁，共同抵禦曹軍。待探聽到曹操已經轉回許昌，並無進攻遼東之意，他認為收容二袁有害無益，於是預設伏兵，召見二袁，一舉擒拿，割下首級，派人送到曹操營中。

曹操笑對眾將道：「公孫康向來懼怕袁氏吞併他，二袁上門，他必定猜疑。如果我們急於用兵，反會促成他們合力抗拒。我們退兵，他們肯定會自相火併。看看結果，果然不出我之所料。」

原文

陽乖序亂①，陰以待逆②。暴戾③恣睢④，其勢自斃。順以動豫，豫順以動⑤。

注釋

①陽乖序亂：陽，公開的。乖，違背、不協調。此指敵方內部矛盾激化，以致公開地表現出多方面的秩序混亂，相互傾軋。

②陰以待逆：陰，暗暗地。逆，叛逆。此指某方暗中靜觀敵變，坐待敵方出現更進一步惡化的局面。

③戾（音厲）：兇暴、猛烈。

④睢（音居）：任意胡為。

⑤順以動豫，豫順以動：語出《易經·豫卦》。豫：卦名。本卦為異卦相疊（坤下震上）。下卦為坤為地，上卦為震為雷。是雷生於地，雷從地底而出，突破地面，在空中自在飛騰。《豫卦》的《彖辭》說：「豫，剛應而志行，順以動。」意即豫卦的意思是順時而動。正因為豫卦之意是順時而動，所以天地就能遂其意，做事就順其自然。此計正是運用本卦「順時以動」的哲理，說坐觀敵人的內部惡變，我不急於採取攻逼手段而順其變，「坐山觀虎鬥」，最後讓敵人自相殘殺。時機一到，我即坐收其利，一舉成功。

譯文

敵方內部矛盾趨於激化，秩序混亂。我靜待其發生暴亂。敵方反目成仇，自相殘殺，勢必自取滅亡。這就是以柔順的手段，坐等有利之局的策略。

講解

此計原意是指在河的這邊看對岸失火。比喻在別人出現危難時，袖手旁觀，待其自斃，以便從中取利。

使用此計的先決條件是「火」和「岸」：無「火」即無混亂的局面，也就無可「觀」之景。無「岸」相隔，作為憑依，也有風險。

一般在自己不宜出戰或無力出戰時，皆可採取「隔岸觀火」之策。此計精義有三：一是要坐得住，不可輕舉妄動；二是坐看敵人因亂受損；三是坐收漁人之利。

釋解妙計

古人按語：乖氣浮張，逼則受擊，退則遠之，則亂自起。昔袁尚、袁熙奔遼東，眾尚有數千騎。初，遼東太守公孫康恃遠不服。及曹操破烏丸，或說曹遂征之，尚兄弟可擒也。操曰：「吾方使斬送尚、熙首來，不煩兵矣。」九月，操引兵自柳城還。康即斬尚、熙，傳其首。諸將問其故。操曰：「彼素畏尚等，吾急之，則併力；緩之，則相圖。其勢然也。」或曰：此兵書火攻之道也。按兵書《火攻篇》前段言火攻之法，後段言慎動之理，與隔岸觀火之意亦相吻合。

按語提到《孫子·火攻篇》，認為孫子言「慎動」之理，與「隔岸觀火」之意亦相吻合。這話很正確。

在《火攻篇》後段，孫子強調，戰爭是利益的爭奪。如果打了勝仗而無實際之利益，即沒有作用。故曰：「非利不動，非得（指取勝）不用，非危不戰。主不可以怒而興師，將不可以慍（指怨憤、惱怒）而致戰。合於利而動，不合於利而止。」

所以說，一定要慎用兵，戒輕戰，戰必以利為目的。也就是說，輕舉妄動，不如隔岸觀火更為有利。

當然，「隔岸觀火」之計，不等於站在旁邊看熱鬧。一旦時機成熟，就要改「坐觀」為「出擊」，以取勝得利為目的。

典故名篇

❖「坐觀」為「出擊」的秦王

戰國時期，韓國和魏國打了一年的仗，仍未決出勝負。秦國的大臣有的說參戰好，有的說參戰不好，弄得秦惠王左右為難。

於是，惠王就此事問從楚國投秦的謀士陳軫。

陳軫講了卞莊子刺虎的故事：「卞莊子看見兩隻老虎吃牛，立即想去把虎刺死。一個小孩子勸阻他：『兩虎剛剛開始吃牛，等牠嘗到香甜滋味的時候必然相爭，相爭就一定廝鬥，廝鬥就會使強壯的受傷，弱小的死亡。這時你再去刺殺受傷的，就能只殺死一隻老虎，實際上卻得到兩隻老虎。卞莊子認為這個主意不錯，於是站在一旁觀看。一會兒，兩隻老虎果然爭鬥起來，強壯的老虎受了傷，弱小的老虎被咬死。卞莊子趁機上去，把受傷的老虎刺死，一舉得了兩隻老虎。現在韓、魏爭戰，難解難分，結果一定是強國受損，弱國滅亡。這時再去攻打已經受損的國家，即可一舉兩得。這同卞莊子刺虎的道理是一樣的。」

秦王依計而行，沒有參戰。結果韓、魏俱損。秦這時才起兵攻打，果然大獲全勝。

❖ 戈登·懷特的兼併術

漢森公司這個牌子在美國出現的歷史雖然只有十多年，但因它「發」得快，很引起大眾的關注。

漢森公司是一九七三年在美國創立，創始人是戈登·懷特。

懷特原在英國謀生，與一位叫詹姆斯·漢森的人合作經營印刷名片。後來，他覺得英國的經濟環境不如人意，便獨自到美國創業。

初到美國，懷特幾乎是兩袖清風，腰包裡只有三千美元。然而，十多年後，他在美國成立的漢森公司已發展到擁有125家分公司，總資產達125億美元。這個數字很令人刮目相看。

懷特深知國際市場瞬息萬變，諸如世界經濟局勢的變化、政治因素的波折、氣候情況的變幻、投機因素的出現等，都會對市場行情產生或大或小的影響。掌握的程度有別，效果也大不一樣。

一九七四年初，有一家漁業公司由於內部原因，經營不下去，準備出售。懷特知悉後，去找這家公司的老闆戴維·克拉克商談。經過一番討價還價，懷特向銀行貸款，買下這家漁業公司。

懷特的第一筆生意獲得成功，賺到了一大筆錢。這並非他碰上了好運氣，而是他「隔岸觀火」，對市場行情認真觀察和分析的結果。

他認為，一九七四年，世界會出現石油危機，石油價格的上漲必然導致海鮮食品價格的躍升。果然不出他所料，他買下的漁業公司，生意從一九七四年下半年起，快速興旺，盈利狂增。他很快還清了收購公司時所欠的債。接著他又兼併了一批面臨倒閉的公司。經過他的一番改造，這些公司均成為盈利的企業。

懷特的第二板斧是大刀闊斧地改造老企業，使兼併的企業注入新血。十五年中，漢森公司先後兼併了125家公司。這些公司易手之後，他先將那些沒有發展前途的部門，連同臃腫的機構和多餘的人員一起革除或轉手賣掉，將保留下來的部門進行精簡、整頓，添置現代化的先進設備，使之注入活力。這樣，漢森公司每兼併一家公司，就多了一個財源。

懷特認識到，企業的經營管理是決定一家企業生死存亡的關鍵因素。它既可發揮積極的作用，推動生產和經營的發展，也可能產生消極作用，阻礙企業的前進。管理層級越多，人員越多，效率往往越差，收益必然不佳。反之，機構精簡，發出的指令就越來越少，下屬生產部門的自主權就越大，即能發揮下屬人員的積極性，效率和收益就會隨之提高。因此，他很重視下屬公司的自主權，除了過問管理目標和效率外，從不干涉他們的具體生產。

漢森公司成長的第三板斧是知己知彼，未戰先勝。身為企業的指揮者和決策者，懷特在經營謀略上總是先算後做，預先掂量每筆生意是否合算。漢森公司以「隔岸觀火」之計以靜待動，冷靜觀察，尋找自己的突破點，使它的牌子迅速崛起。

❖ 前蘇聯糧商隔岸觀火

有一年，前蘇聯農業大歉收。誰都知道，這次它必定要大量進口糧食。美國糧商都想吃這口肥肉，翹首等待前蘇聯商人的出動。但前蘇聯商人穩坐釣魚台，好久沒有動靜。當時美國政府對糧食出口未做統一規定，糧價相當混亂。

摸準情況後，突然間，前蘇聯商人已出現在美國，向美國很多公司購買小麥，而每一家公司都以為自己是單獨與前蘇聯做生意，就迅速地大量拋售。不到五周時間，前蘇聯已向美國多家公司購買了一千七百萬噸小麥，相當於美國一年糧食出口總量的45%。待美國糧商醒悟過來，知道前蘇聯糧商要大批量搶購小麥時，才開始抬高糧價。但已經遲了，前蘇聯糧商已買得差不多了。

經過這次事件，美國政府做出規定，日後大批量糧食出口，必須事先向政府申報，得到批准。面對這種變局，前蘇聯立刻改變策略，採取分期小批量向美國多家公司購買，以便隱蔽需求量。這樣，前蘇聯商人又乘機利用美國糧商之間競相出售，用較低的價格購進大批糧食，仍是從中漁利。

用計錦囊

這一計與「坐山觀虎鬥」有相近的含意。一個國家或集團，內部出現分裂，矛盾衝突日益激烈時，外部的進攻，恰恰會促使其內部聯合；外部寬鬆，內部的鬥爭則會加劇。隔岸觀火，正是根據這個道理，採取靜觀其變，以坐收漁利的策略。

第十計◆笑裡藏刀

計名探源

笑裡藏刀，原意是指那種口蜜腹劍，兩面三刀，「口裡喊哥哥，手裡摸傢伙」的做法。此計用在軍事上，是運用政治外交上的詭詐手段，欺騙麻痺對手，以掩蓋己方的軍事行動。這是一種表面友善卻暗藏殺機的謀略。

戰國時期，秦國為了對外擴張，奪取地勢險要的黃河崤山一帶，派公孫鞅為大將，率兵攻打魏國。公孫鞅率大軍直抵魏國吳城城下。這吳城原是魏國名將吳起苦心經營之地，地勢險要，工事堅固，正面進攻很難奏效。公孫鞅苦苦思索攻城之計。待探知魏國守將是與自己曾經有過交往的公子卬，他心中大喜。他馬上修書一封，主動與公子卬套近乎。信中說，雖然兩人現在各為其主，但考慮到過去的交情，還是兩國罷兵，訂立和約為好。念舊之情，溢於言表。他還建議約定時間，會談議和大事。

信送出之後，公孫鞅還擺出主動撤兵的姿態，命令秦軍前鋒立即撤回。公子卬看罷來信，又見秦軍退兵，非常高興，馬上回信約定會談日期。公孫鞅見公子卬已鑽入圈套，暗地裡在會談之地設下埋伏。

會談之日，公子卬帶了三百名隨從到達約定地點，見分孫鞅帶的隨從更少，而且全部未帶兵器，更加相信對方的誠意。會談氣氛十分融洽，兩人重敘昔日友情，表達雙方交好的誠意。公孫鞅還擺宴款待。公子卬興沖沖入席。還未坐定，忽聽一聲號令，伏兵從四面包圍過來。公子卬和三百隨從反應不及，全部被擒。公孫鞅利用俘虜的魏軍，騙開吳城城門，佔領吳城。魏國只得割讓西河一帶，向秦求和。

就這樣，秦國用公孫鞅「笑裡藏刀」之計，輕取崤山一帶。

原文

信①而安②之，陰③以圖之；備而後動，勿使有變。剛中柔外④也。

注釋

①信：使相信。

②安：使安、使安然；此指不生疑心。

③陰：暗地裡。

④剛中柔外：表面柔順，實質強硬。

譯文

表現出十分友好、充滿誠意的樣子，使對手信以為真，放鬆警惕；實際上暗中策劃，積極準備，得機立即行動，使對手來不及應變。這是外示友好，內藏殺機的謀略。

講解

人會笑，可笑有真假之分。真笑坦蕩開懷，假笑則暗藏殺機。是故，要提防笑面虎，勿輕信奉承之言。此計是典型的表裡不一的兩面派手法，面善而心毒。惡者善用此計，善者亦不必避而不用。我方力量相對較弱，敵我雙方矛盾尚未明朗之時宜用。

「笑」之分寸是此計一大關鍵。計謀之用，一般都是為了迷惑敵人。此計更是如此，能使敵人毫不懷疑地接受便是適當。

「笑」是為了「藏刀」，而「刀」終是要殺敵的，出「刀」迅速果斷、乾淨俐落，「笑」才不致浪費。

釋解妙計

兵書曰：「辭卑而益備者，進也……無約而請和者，謀也。」故凡敵人之巧言令色，皆殺機之外露也。宋曹瑋知渭州，號令明肅，西夏人憚之。一日，瑋方對客弈棋，會有叛卒數千亡奔夏境。堠騎（騎馬的偵察員）報至，諸將相顧失色。公言笑如平時，徐謂騎曰：「吾命也，汝勿顯言。」西夏人聞之，以為襲己，盡殺之。此臨機應變之用也。若勾踐之事夫差，則竟使其久而安之矣。

宋將曹瑋，聞知有人叛變，投奔西夏，非但不驚恐，反而隨機應變，談笑自如，不予追捕，說叛逃者是自己有意派到西夏去的。消息傳揚，敵人誤認為叛逃者果為曹瑋派來的內奸，就把他們全部殺光。曹瑋把「笑裡藏刀」和「借刀殺人」之計運用得何其自如！古代兵法早就提醒過，切不可輕信他人的甜言蜜語，要謹防其中暗藏的殺機。

典故名篇

❖ 成吉思汗識破詭計

一二〇六年，鐵木真當上了蒙古部落的可汗，被尊為「成吉思汗」。本部元老扎木合看到成吉思汗的勢力不斷壯大，惟恐自己的力量遭到削弱，因而對他懷恨在心。

一天，成吉思汗騎著駿馬，肩背雙弓，臂架獵鷹，帶著一群士兵往李爾罕山打獵。扎木合得知，決定趁此機會謀害成吉思汗。他命人在成吉思汗狩獵歸來的途中搭了一頂漂亮的雕花帳篷，帳篷裡挖了一個很深的陷阱，陷阱裡插滿槍尖，然後在陷阱上面裝上翻板，舖上地毯，還在帳篷裡準備了一桌美酒佳餚。

十幾年前，扎木合與成吉思汗結拜，深知成吉思汗是一個重情義的人，於是他以祭盟之日為藉口，邀成吉思汗到帳篷中用餐。成吉思汗在歸途中接到扎木合的邀請，二話沒說，就來到扎木合的帳篷。

見成成吉思汗進入帳篷，扎木合面堆笑容，歡迎道：「今天是祭盟之日，望仁兄開懷暢飲，一醉方休！來，請上座！」

兩人正要入座，成吉思汗的獵鷹突然飛下，追逐一隻鑽進地毯裡的老鼠。扎木合大驚失色，急忙割下一塊肉扔給獵鷹。就在這一瞬間，成吉思汗已發現地毯下埋了陷阱。

但是，他仍裝出一副若無其事的樣子，對扎木合說：「你是兄長，當坐上席。」他一邊說，一邊用力將扎木合推到座上。只聽「撲通」一聲，扎木合掉入陷阱，裡面迅即傳出一聲淒厲的慘叫。

扎木合花言巧語，笑裡藏刀，想致成吉思汗於死地，以絕後患。成吉思汗面對危急時刻，並未驚慌失措，反倒將計就計，迫使扎木合落入自己設下的陷阱。

❖ 雅馬哈笑裡得勢

一提起「雅馬哈」（即YAMAHA「山葉」），許多人都會想起雅馬哈摩托車。其實，「雅馬哈」之名代表著一系列產品，如樂器、傢俱、室內設備、運動器材、摩托車等等。「雅馬哈」是日本語「山葉」的譯音，原為一種木工機械的型號，是日本樂器公司加工樂器外殼等木製部件的主要機械設備。「雅馬哈」之所以成名，是日本樂器公司成功經營的結果。

日本樂器公司是一家小型公司，主要生產日本民間樂器，知名度很小，生意平平。

二次大戰後，日本經濟迅速崛起，新一代的年輕人無論思想意識還是生活習慣都逐漸西化，許多人拋棄了傳統音樂，轉向歐美的現代音樂。市場因此需求大量歐美現代音樂的器材，如爵士鼓、小號、吉他、鋼琴等等。

日本樂器公司緊緊抓住這一契機，大量生產市場上熱銷的歐美音樂器材。由於歐美音樂像旋風般席捲日本，日本市場對音樂器材供不應求，日本樂器公司雖然日夜加班加點，不斷擴大生產規模，仍然無法滿足市場需求。

這時，嗅覺靈敏的歐美商人迅速調來大量樂器，源源不斷地銷往日本。歐美生產的樂器質量較好，日本樂器公司無法與之匹敵，迅速從競爭中敗下陣來。

日本樂器公司認真反省，發現自己失敗的原因在於生產設備太落後了，導致產品質量低，價格高。為了提高生產效率，提高產品質量，公司多次專門組團出訪歐美一些主要的樂器公司，對自己公司的生產過程和工藝操作進行一系列技術革新。其中，在改革生產木殼部件的機械設備時（即「雅馬哈」），碰到許多難題。經公司上下不懈地努力，「雅馬哈」的難題終於解決了，公司改革取得了突破，大大提高了生產的自動化程度。

改進生產設備後，日本樂器公司生產出來的樂器，無論質量或價格，都比進口的歐美樂器更勝一籌。為紀念改革成功，又為了一改以前產品無名無姓的不利因素，公司決定以「雅馬哈」作為公司生產的所有樂器產品的牌子名稱。

「雅馬哈」一經推出，迅即大受日人歡迎，日本樂器公司很快收復了許多失地，逐漸鞏固了在本國的地位，產品還不斷返銷歐美。

日本樂器公司並不滿足於這樣的成績。它明白這只不過是一個小小的開端，必須深入廣泛挖掘，不斷乘勝追擊，公司才能有更大的發展。為了進一步開拓本國的音樂器材市場，日本樂器公司採用了一招「笑裡藏刀」的絕妙經營方法。

看準了日本的年輕人對歐美音樂的愛好方興未艾，為使其情緒更熱烈，局面更廣泛，從60年代開始，日本樂器公司就成立了「雅馬哈音樂振興會」，在日本各地開辦了雅馬哈音樂輔導班。短短幾年間，深受歡迎的雅馬哈音樂輔導班發展成幾千個，培訓的學員達幾十萬人。公司又把這項成功的經驗傳到國外，在全亞洲的其他國家開辦雅馬哈輔導班，學員人數達幾百萬人。

此外，公司還每年主辦一系列如「雅馬哈歌詠比賽」、「雅馬哈世界民謠節」等活動，使得日本幾乎所有的音樂活動無不與「雅馬哈」相關。

日本樂器公司這種宣傳、推廣的手法，不但使雅馬哈樂器銷售量連年躍升，更重要的是，它使得「雅馬哈」成為家喻戶曉的名牌。

有了響噹噹的名牌「雅馬哈」，日本樂器公司並不自囿於「音樂」這一圈子。它又進一步採用順水推舟之法，因勢利導，把「雅馬哈」推向音樂之外的其它領域。

日本樂器公司打鐵趁熱，迅即以「雅馬哈」的牌子生產傢俱及運動器材；不久又投入生產摩托車。

由於這些雅馬哈系列產品質量上乘，更因為大眾深信「雅馬哈」這個牌子，使得日本樂器公司無論生產什麼「雅馬哈」的產品，都成為暢銷貨。特別是雅馬哈摩托車，無論國內國外，都大受歡迎。

用計錦囊

《孫子兵法》的「始計篇」講述了兵家的「十二詭道法」，其中第二條叫「用而示之不用」。「笑裡藏刀」之計，可說是孫子這一謀略思想的具體化。

「笑裡藏刀」一計，要根據敵方指揮者的特點施用。對驕傲自大者，要增加他的傲氣；對心懷畏懼者，要表達我方的誠意，使其放鬆警惕，然後暗中準備，尋找有利的時機發動攻擊。此計用於軍事、政治與外交的偽裝上，有時能打得對手措手不及，悔之已晚。

第十一計 李代桃僵

計名探源

「李代桃僵」中的「僵」是「仆倒」的意思。此計語出《樂府詩集·雞鳴篇》：「桃生露井上，李樹生桃旁。蟲來嚙桃根，李樹代桃僵。樹木身相代，兄弟還相忘？」意是指兄弟應當像桃李共患難一樣相互幫助，相互友愛。此計用於軍事上，指在敵我雙方勢均力敵，或者敵優我劣的情況下，用小代價換取大勝利的謀略。它很像象棋比賽中「捨車保帥」的戰術。

戰國後期，趙國北部經常受到匈奴襜襤國及東胡、林胡等部騷擾，邊境不寧。趙王派大將李牧鎮守北部門戶雁門。李牧上任後，日日殺牛宰羊，犒賞將士，只許堅壁自守，不許與敵交鋒。匈奴摸不清底細，也不敢貿然進犯。李牧加緊訓練部隊，養精蓄銳。幾年後，兵強馬壯，士氣高昂。

公元前二五〇年，李牧準備出擊。他派少數士兵保護邊寨百姓出去放牧。匈奴人見狀，派出小股騎兵前來劫掠。李牧的士兵與敵騎交手，假裝敗退，丟下一些人和牲畜。匈奴人占得便宜，得勝而歸。匈奴單于心想，李牧從來不敢出城征戰，果然是一個不堪一擊的膽小之徒。於是，他親率大軍直逼雁門。

李牧偵悉，知道驕兵之計已經奏效，於是嚴陣以待，兵分三路，給匈奴單于準備了一個大口袋。匈奴軍輕敵冒進，被李牧分割成幾處，逐個圍殲。單于兵敗，落荒而逃，襜襤國滅亡。

就這樣，李牧用小小的損失，換得了全局的勝利。

原文

勢必有損，損陰①以益陽②。

注釋

①陰：此指某些細微、局部的事物。

②陽：此指整體意義上、全域性的事物。

譯文

當戰局發展必然會有所損失時，就要以局部利益的損失，保全大局的利益。此計和「丟卒保車」、「丟車保帥」的道理很相似。

講解

李代桃僵，原意是指李樹代替桃樹受蟲蛀，用來比喻兄弟間的友愛互助。後泛指相互替代、代人受過等行為。

兩軍對壘，或政治舞臺上、商業競爭中，想絕對得益，非常不現實。很多時候，就需要付出一定的代價。此時的原則是「兩利相權取其重，兩害相權取其輕」，顧大局，看長遠，保大利。

此計中，「李」指做出犧牲的一方，「桃」指受保全的一戶。「桃」、「李」必須相互替代，而「桃」比「李」更具重要性。

在軍事謀略上，如果暫時要以某種損失、失利為代價，才能最終取勝，指揮者應當機立斷，以某些局部或暫時的犧牲，去保全或者爭取全局的整體性勝利。這是運用我國古代陰陽學說陰陽相生相剋、相互轉化的道理所制定的軍事謀略。

釋解妙計

古人按語：我敵之情，各有長短。戰爭之事，難得全勝，而勝負之訣，即在長短之相較，乃有以短勝長之祕訣。如以下駟敵上駟，以上駟敵中駟，以中駟敵下駟之類，則屬兵家獨具之詭謀，非常理之可測也。

兩軍對峙，敵優我劣或勢均力敵的情況很多。如果指揮者思路正確，常可變劣勢為優勢。孫臏賽馬的故事為大家所熟知。他在田忌的馬總體上不如齊王的情況下，仍使田忌以三比一獲勝。切記：運用此法，不可生搬硬套。

春秋時齊魏桂陵之戰，魏軍左軍最強，中軍次之，右軍最弱。齊將田忌準備按孫臏賽馬之計如法炮製。孫臏卻告之不可。他說：「這次作戰不是爭個二勝一負，而應大量消滅敵人。」

於是，用下軍對敵人最強的左軍，以中軍對勢均力敵的中軍，以力量最強的部隊迅速消滅敵人最弱的右軍。齊軍雖局部失利，但敵方左軍、中軍已被鉗制，右軍很快敗退。田忌迅即指揮己方上軍乘勝與中軍合力，力克敵方中軍。得手之後，三軍合擊，一起攻破敵方最強的左軍。這樣，齊軍在全局上造成優勢，終於取勝。

典故名篇

❖ 黑海艦隊忍痛自沉

一九一八年，日耳曼各國為了扼殺新生的社會主義國家蘇聯，聯手向蘇聯發動了武裝干涉。德國、奧匈帝國的軍隊大舉東進，很快攻佔了蘇聯的大片土地。4月25日，德軍侵佔克里米亞半島，將準備反擊德軍入侵的蘇聯黑海艦隊團團包圍在塞瓦斯托堡港內。幾天後，黑海艦隊冒險突圍。但德軍佔領了港口的制高點，以密集的火力向蘇聯戰艦射擊，除兩艘戰艦僥倖逃脫外，其餘戰艦又被迫退回港內。

5月上旬，黑海艦隊不得不轉移到塞瓦斯托堡港內側一個小軍港裡。這個小軍港不能滿足70多艘戰艦的供應。不久，黑海艦隊的給養完全斷絕，二千多名官兵身陷絕境。由於蘇聯全線吃緊，無法派軍援救黑海艦隊於危難之中。6月11日，氣勢洶洶的德軍下達最後通牒，要黑海艦隊全部投降，否則將發動毀滅性的攻擊。

列寧召集蘇聯政府的高級領導人緊急磋商，制定對策。有人主張：黑海艦隊應就地堅守，與德軍決一死戰。列寧則認為，英勇善戰的黑海艦隊官兵是蘇聯的珍貴財富。在目前的形勢下，與敵人硬拼，結果必然是艦隊官兵全部捐軀，戰艦成為德軍的戰利品。與其這樣，不如保存艦隊的官兵，不做無謂的犧牲。寧可毀掉黑海艦隊的戰艦，也不能讓它們落入敵手，成為敵人攻擊蘇聯的武器。在列寧的堅決主張下，蘇聯政府做出了大膽的決定，命令黑海艦隊將全部艦隻弄沉。

6月18日，黑海艦隊二千多名官兵輕裝巧妙脫險。離開前，他們炸毀了戰艦，黑海艦隊70多艘戰艦全部自毀沉沒。德軍發動進攻，只看到黑海艦隊官兵遺棄在岸上的少量物資設備，連一艘可以使用的艦船也沒有找到。

身為軍事指揮員，一方面要全局在胸，趨利避害，另一方面，在特定條件下，要捨得犧牲小利。列寧提出的黑海艦隊自沉的計謀，是「兩利相權取其重，兩害相權取其輕」這一「敗中求勝」戰略思維的成功應用。

❖ 湯姆顧全大局

商海無情，失敗難免。但失敗決不會使一個優秀的企業家一蹶不振。「吃一塹，長一智。」失敗往往比成功更能帶給人切實有效的教益。只要正視失敗、反思失敗、迎接失敗，最終即能超越失敗，那麼，今日的輸家、敗者將是明日的贏家、勝者。

美國加利福尼亞州有一家專為工廠、企業提供保全人員的企業——工廠保全公司，老闆名叫湯姆·沃森。

湯姆是一個喜歡探索新經營方式的人。眼看著公司業務蒸蒸日上，他不安分的大腦開始琢磨起來。

為什麼不增加與保全工作有關的業務？一天，湯姆腦子裡忽然冒出這樣一個念頭。

本來嘛，只提供單純的保全人員，怎可能擔當起「保護」工廠的作用？工廠發生火災，怎麼辦？有重大險情，怎麼辦？流動資產怎麼保護？……他越想越激動，越想越覺得應該改革。

湯姆連夜召集自己的幾個得力助手，商議拓展新業務的事務。

幾個月後，一切準備就緒。這一天，各地報刊的顯著位置都登發了「工廠保全公司」的大幅廣告：

「承蒙各公司、企業厚愛，使本公司業務量逐月上升。為回報用戶，並更得力地為用戶服務，本公司決定增設以下服務項目：設立偵查服務、建立中央警報站、增加人身保護、開展流動巡邏、火情預警及有償滅火。收費合理，歡迎惠顧。根據用戶要求，本公司還將適時推出一系列保安措施，請用戶時刻關注當地各媒體的廣告。」

湯姆的這一舉措，立刻受到各家企業的好評，一時間，諮詢電話不斷，要求馬上派人服務的也大有人在。

出招奏效，湯姆笑得嘴都合不攏了。

然而，隨著時間的推移，他很快感到力不從心。設立偵查服務與單純的警衛可不一樣，不但需要僱員訓練出良好的體質，還必須具有機敏的頭腦；建立中央情報站，就一定要對中心辦公室及周圍的廣大客戶進行大量的通訊設備投資；而火災預警呢，要和滅火器材製造廠家打交道……

如果僅僅是增加投資倒也罷了，更切要的是，每一項新業務都需要完全不同的管理辦法——他是在摸著石頭過河！

兩年下來，公司的利潤率為零。湯姆意識到：自己搞錯了。

像當年增加新業務一樣，此時，他雷厲風行，立即停止了所有賠本賺吆喝的項目，把所有精力都用在擴大老業務上，例如改善服務條件、增加服務地帶、擴大服務網點、提高員工素質等。他幹這些是輕車熟路。雖然業務量縮小了，利潤卻大幅度增加，頗受用戶好評。很快，他的公司發展成一家實力雄厚的大企業。

一九八四年，由於「工廠保全公司」管理系統有口皆碑，洛杉磯奧運組委會指定它承擔奧運會的保全工作。湯姆及其手下不負眾望，出色地完成了任務，給公司輝煌的歷史又添上精彩的一筆。

用計錦囊

「李代桃僵」作為謀略，是隱喻以小的犧牲保全大局。

在戰爭中，敵我雙方各有優勢與劣勢，某一方在各方面都超過對手的局面不可能存在。雙方的勝敗就繫於雙方強弱的較量，其中有個巧妙的祕訣：在力量的對比中，指揮者要學會算帳。多算者勝，少算者敗。要善於運用少數兵力鉗制敵之主力，從全局的劣勢中，爭取到多個局部的優勢。前舉孫臏賽馬的故事就是典型的一例。

現代人的價值觀固然與古人有許多不同，然而，生存的法則和力量的對比，在許多情況下，仍有其未變之處。

第十二計◆順手牽羊

計名探源

順手牽羊，是看準敵方在移動中出現的漏洞，抓住其薄弱點，乘虛而入，獲取勝利的謀略。古人云：「善戰者，見利不失，遇時不疑。」意思是：要捕捉戰機，乘隙爭利。當然，小利是否必然不放過，要考慮全局，防止「因小失大」。

公元三八三年，前秦統一了黃河流域，勢力強大。前秦王苻堅坐鎮項城，調集九十萬大軍，打算一舉殲滅東晉。他派其弟苻融為先鋒，攻下壽陽，初戰告捷。苻融判斷東晉兵力不多，並且嚴重缺糧，建議苻堅迅速進攻。苻堅聞訊，不等大軍齊集，立即率幾千騎兵趕到壽陽。

東晉將領謝石得知前秦百萬大軍尚未齊集，決定抓住時機，擊敗敵方前鋒，挫敵銳氣。謝石先派勇將劉牢之率精兵五萬，強渡洛澗，殺了前秦守將梁成。劉牢之乘勝追擊，重創前秦軍。謝石率師渡過洛澗，順淮河而上，抵達泗水一線，駐紮在八公山邊，與駐紮於壽陽的前秦軍隔岸對峙。

苻堅見東晉陣勢嚴整，立即命令堅守河岸，等待後續部隊。

謝石知機會難得，只能速戰速決。於是，他決定用激將法激怒驕狂的苻堅。他派人送去一信，內言：「我要與你決一雌雄。如果你不敢決戰，還是趁早投降為好。如果你有膽量與我決戰，就暫退一箭之地，讓我渡河，與你比個輸贏。」

苻堅大怒，應允暫退一箭之地。他暗裡計議，待東晉部隊渡到河中間，再回兵出擊，將晉兵全殲水中。

孰料，此時秦軍士氣低落，撤軍令下，頓時大亂。秦兵爭先恐後，人馬衝撞，亂成一團，怨聲四起。這時指揮已經失靈，幾次下令停止退卻，如潮水般撤退的人馬卻已成潰堤之勢。謝石指揮東晉兵馬迅速渡河，乘敵大亂之際，奮力追殺。前秦大敗。

淝水之戰，東晉部隊抓住戰機，乘虛取勝，是古代戰爭史上「以弱勝強」的著名戰例。

原文

微隙①在所必乘，微利在所必得。少陰，少陽②。

注釋

①微隙：微小的空隙；指敵方的某些漏洞、疏忽。

②少陰，少陽：少陰，指的是敵方小的疏漏。少陽，指的是我方小的得利。

譯文

當敵方出現微小的差錯，要及時利用；戰場上出現取得微小得益的機會，要力爭獲取。隨時注意敵方小的疏忽，藉以爭得我方小的勝利。簡而言之，就是要抓住一切有利的機會擴大戰果，得到更大的勝利。

講解

順手牽羊，原指乘便牽走人家的羊。也就是瞅準空子，順勢「撈一把」的意思。喻在實現主要任務的過程中，伺機取利，取得意外的收穫。

此計要點有二：一是不能以放棄主要目的為代價，羊只是意外的獵物。二是「順手」。倘若見到的利益很難得到，最好還是做完了主要的再說。

釋解妙計

古人按語：大軍動處，其隙甚多，乘間取利，不必取勝。勝固可用，敗亦可用。

大部隊在運動的過程中，漏洞肯定很多。比如，大軍急促前進，各部運動速度不同，可能造成給養困難，協調不靈。戰線拉得越長，可乘之隙一定更多。看準敵人的空隙，抓住時機一擊；只要有利，雖非完全取勝，也不妨一行。

這個方法，勝利者可以運用，失敗者也可以運用；強大的一方可以運用，弱小的一方也可以運用。戰爭史上，常常出現一方用小股遊擊隊鑽進敵人的心臟，神出鬼沒地打擊敵人，攻敵薄弱處，應手得利的例子。

典故名篇

❖ 鄭和下西洋

鄭和，原名馬三保，自幼入宮做太監。明成祖繼位後，鄭和受任總管出使西洋的事務。從一四〇五年到一四三三年，鄭和率領船隊7次下西洋，先後到過37個國家，走遍了印度洋沿岸各國，最遠到達東非海岸的摩加迪休。

鄭和下西洋的意義早有公論：鄭和的船隊滿載著瓷器、絲織品、鐵器等，與西洋各國開展貿易，換回了亞非各國的許多特產，廣泛促進了明朝與亞非各國的經濟交流。下西洋之舉還擴大了明朝在世界上的影響力，揚威名於國土之外。

其實，上述諸事只是鄭和順手牽來的「羊」。鄭和下西洋，主要目的是為了追查明惠帝的下落。事情的原委是這樣的：

明惠帝在位時定策削藩，有些封王一夜之間被廢為庶人。燕王朱棣起兵造反，開始了三年的戰爭。這場戰爭以燕王朱棣的勝利告終。待燕王攻入皇宮，皇宮已被焚，惠帝下落不明。據傳言，惠帝化裝成和尚，逃往國外。朱棣登上皇位，是為成祖。

明成祖登基後第三年，就派熟悉惠帝相貌的太監鄭和出使西洋各國，以貿易往來為掩護，暗中搜尋惠帝的下落。

結果，此行預期的目的沒有達到，卻取得經濟和政治上的收穫。

❖ 把一個信息變成一把金鑰匙

信息靈，百業興。猶太商人皆知，有了寶貴的資訊，想出好的主意，還需要擬出切實可行的經營措施，才能使願望變成現實，把資訊轉為金錢。否則，一切都只是空想。

美國佛羅裡達州有個猶太小商人因為注意到家務繁重的母親們常常臨時著忙，急匆匆上街為嬰兒購買紙尿片，靈機一動，立意創辦一家「打電話送尿片」的公司。

送貨上門本不是什麼新鮮事，送尿片卻沒有商店願意做，因為這種生意本小利微。怎麼辦？

這個小商人再次靈機一動，僱用全美國最廉價的勞動力——在校大學生，讓他們使用最廉價的交通工具——自行車，進行尿片送到府的服務。其後，他又把業務擴展到兼送嬰兒藥物、玩具和各種嬰兒用品、食品，隨叫隨送，只收15%的服務費。

如今，他的生意越做越興旺。

經營者獲取市場資訊，制定經營策略，為的是把握機會。所謂機會，是指一時一地出現的某種特殊條件，它帶有一定的偶然性，往往稍縱即逝。精明的人一旦順手「牽」著機會，就會以最快的速度開發它，利用它。因為他們知道：快一步天高地闊，慢一著滿盤皆輸。

用計錦囊

「順手牽羊」與「趁火打劫」有相同的地方，但「趁火打劫」是趁敵人處於十分困難時攻擊它，「順手牽羊」則是抓住微小的戰機打擊敵人。在軍事上，敵我雙方力量消長，是一個由量變到質變的過程。乘隙向敵人的薄弱處進攻，可空手得利。逐漸削弱敵方的戰力，增強與壯大自己的實力，是實現這一轉變的積極手段。

第三套

攻戰計

第十三計◆打草驚蛇

計名探源

打草驚蛇，語出段成式《酉陽雜俎》：唐代王魯任當塗縣縣令時，搜刮民財，貪汙受賄。有一次，縣民控告他的部下某主簿貪贓。他見到狀子，十分驚駭，情不自禁地在狀子上批了八個字，「汝雖打草，吾已驚蛇。」打草驚蛇，作為謀略，是指敵方兵力未暴露，行蹤詭祕，意向不明時，切切不可輕敵冒進，應當查清敵方的主力配置、運動狀況再說。

公元前六二七年，秦穆公發兵攻打鄭國。他打算和安插在鄭國的奸細裡應外合，奪取鄭國都城。大夫蹇叔以為秦國離鄭國路途遙遠，興師動眾，長途跋涉，鄭國肯定會做好迎戰的準備。穆公不聽，派孟明視等三帥率部出征。

蹇叔在部隊出發時，痛哭流涕地警告說：「恐怕你們這次襲鄭不成，反會遭到晉國的埋伏。我只有到崤山去給你們收屍了！」

果然不出蹇叔所料，鄭國得到秦國襲鄭的情報，逼走了秦國安插的奸細，做好了迎敵的準備。

秦軍見襲鄭不成，只得回師。部隊長途跋涉，十分疲憊，經過晉國崤山時，毫無防備意識。他們以為秦國曾對晉國剛死不久的晉文公施恩，晉國不會攻打秦軍。哪裡知道，晉國早在崤山險峰峽谷中埋伏了重兵。

一個炎熱的中午，秦軍發現晉軍小股部隊。孟明視十分惱怒，下令追擊。追到山隘險要處，晉軍突然不見蹤影。孟明視一見此地山高路窄，草深林密，情知不妙。這時鼓聲震天，殺聲四起，晉軍伏兵蜂擁而上，大敗秦軍，生擒孟明視等三帥。

此例，秦軍不察敵情，輕舉妄動，「打草驚蛇」，終於遭到慘敗。當然，軍事上有時也可故意「打草驚蛇」，誘敵暴露，從而取得戰鬥的勝利。

原文

疑以叩①實，察而後動；復者②，陰之媒也③。

注釋

①叩：詢問、查究。意為發現了疑點，就應當核實查究清楚。

②復者：反覆去做，即反覆去核實而後動。

③陰之媒也：陰，此指某些隱藏著，暫時尚不明顯或未暴露的事

物、情況。媒，媒介。「復者，陰之媒也。」意即反覆叩實查究，而後採取相應的行動。此為發現隱藏之敵的重要手段。

譯文

有所疑，就要偵察核實，待情況了解清楚後再行動。用一個試探性的佯動，可以引誘敵人暴露出隱蔽很深的陰謀。有經驗的軍人都知道，戰場上，有在炮聲隆隆中面對面的廝殺，也有看不到的敵人在寂靜之處隱藏著殺機。所以兵家得出「先知敵之虛實，誘其中我埋伏，而後聚而殲之」之策。

講解

「打草驚蛇」作為一條計謀，指的是在敵情不明而可疑時，先進行試探性的佯攻，誘其將真實情況暴露出來。施此計，必須在充分了解敵情之後再採取行動，以防落入敵人的圈套。

「草」是蛇棲身的場所，與蛇最相關，動草蛇必知，打草必然驚蛇。因草而觀蛇，既傷不到自身，又可明悉敵情。

釋解妙計

古人按語：敵力不露，陰謀深沉，未可輕進，應遍揮其鋒。兵書

云：「軍旁有險阻、潢井、葭葦、山林、翳薈者，必謹復索之。此伏奸所處也。」（《孫子・行軍篇》）

兵法中告誡指揮者，進軍途中，如果遇到險要地勢、坑地水窪、蘆葦、密林、野草遍地，切不可麻痺大意。稍有不慎，就會「打草驚蛇」，被埋伏之敵所殲。可是，戰場情況複雜，變化多端，有時候，己方即應巧設伏兵，故意「打草驚蛇」，誘使敵軍中計。

典故名篇

❖ 拿破崙引蛇出洞

一八〇五年11月，被法軍擊敗的俄奧聯軍經長距離撤退之後，終於在奧洛穆蔣地區紮寨安營。沙皇亞歷山大一世來到軍中，與奧皇法蘭西斯會晤。經過一番休整和增援，聯軍的人數又已超過法軍。

這時，普魯士王國派出使臣，向拿破崙發出最後通牒：如果法軍不在一個月內撤出奧地利，普魯士就要宣佈對法作戰。

形勢非常嚴峻。在普軍到來之前，拿破崙必須與俄奧聯軍進行一次決戰。否則，法軍失利之勢將不可避免。

拿破崙透過情報網得知，俄奧聯軍在是否與法軍決戰的問題上分為兩派：一派以聯軍總司令、俄國老將庫圖佐夫為代表，認為倉促決戰，無勝利之把握。如能等待普魯士參戰，那勝利將成為必然。另一派以沙皇和聯軍總參謀長魏洛爾為代表，認為法國已是強弩之末，聯軍有足夠的力量將拿破崙摧毀。

詳細分析了敵情，拿破崙認為，法軍只要採取引蛇出洞的策略，就可使聯軍內部速戰派佔上風，進而在普軍到來之前進行決戰。為此，他命令部分法軍開始後撤，並故意散佈法軍兵力不足，被迫收縮戰線的流言。同時，他還派遣自己的侍從武官司薩瓦金去謁求沙皇，建議進行停戰談判。

沙皇尋思，拿破崙不到萬不得已，不可能低聲下氣求人。他派侍衛長道戈路柯夫進行回訪，目的是觀察拿破崙的虛實。

拿破崙在會見道戈路柯夫時，成功地演出了一齣戲。首先，他裝出一副精疲力竭的樣子，好像法軍近況不佳，難以維繫。會談時，他又顯得信心不足，說話吞吞吐吐。結果，道戈路柯夫把這些虛假的信息向沙皇做了彙報。沙皇由此認為，不必坐等普魯士參戰，俄奧聯軍完全可以打敗拿破崙。再等下去，拿破崙若逃過多瑙河，反為不妙。於是，沙皇說服其他將領，盡快與法軍進行決戰。

就這樣，拿破崙引蛇出洞的計策大功告成。

❖ 設計擊敗對手

一九一五年，美國南部奧克拉荷馬州的塔爾薩仍是一個荒蕪之地。其後，因有幾處地方發現石油，塔爾薩一夜間成了冒險家涉足之地。石油給部分人帶來巨大的財富。其中，史格達家族、殼牌石油公司和格蒂家族是較有勢力的石油開採商。

喬治·格蒂是格蒂家族的惟一繼承人。他曾到英國牛津大學留學，卻沒拿回任何一張文憑，倒是要了老爹不少錢，付給了歐洲不少有名的旅館。

老格蒂對小格蒂的所作所為極不滿意，遂在經濟上對他嚴厲制裁。由於名聲太壞，小格蒂只能在家族事業中充當一名副手。

「這太委屈我了！」他暗地裡時常抱怨。

一次，他站在泰勒農場的馬鈴薯田地上，尋思著塔爾薩所盛傳的泰勒農場蘊藏著豐富的石油這條傳聞。塔爾薩最有實力的三家石油商都在打它的主意，暗中較著勁。

農夫泰勒樂得漁翁得利。他算計著，只要這三家不停地鬥下去，他的這六百畝土地就會越來越值錢。他已放出風聲，將把土地交給拍賣行，誰出最高價，他就賣給誰。

小格蒂走到一個別墅區，在一幢豪華的別墅前停了下來。敲開了門，他見到了他想要見的人，塔爾薩地區最有名望的地質學家艾默·克利斯。

「泰勒農場能產多少桶油？」小格蒂直切話題。

「你代表哪一家？」克利斯兜圈兒。

小格蒂取出了一疊鈔票，邊數邊說：「我代表我自己。」

「我的觀點，你可以在《塔爾薩世界報》上看到。」

「《塔爾薩世界報》給你多少稿酬？」

克利斯猶豫了一會兒，回道：「12美元。」

「12美元買了你30%的真話，我出這個價錢的10倍，能不能買下另外70%的真話？」

喬治·格蒂的福特汽車在泥渾的公路上奔馳。路經一間路邊酒吧時，他看到高大肥胖的店主像拎小雞一樣，把一個中年人抓了出來，嘴裡不停地喝斥著。不用問，一定是個來賒酒喝的欠賑的窮光蛋被攆出了酒吧。

小格蒂在中年人身邊停了車，從車窗裡伸出頭來說：「喂！想不想做個有錢人？」

中年人有點莫名其妙，傻愣愣地點點頭。

「那就上車吧！我請你去另一個更好的地方喝一杯。」

這個中年人叫米露斯克里，是一名普通的掘井工人。

第二天，一輛豪華的四輪馬車「篤篤篤」駛進了塔爾薩，車上坐著一名態度傲慢的中年紳士。因為當時馬車已逐漸淘汰，像這樣的豪華馬車已不多見，這景象對於塔爾薩這個小地方來說，無疑是一件大新聞。

馬車所經過的地方，來來往往的人都駐足觀望，孩子們則蜂擁追隨車後。那個中年紳士一把一把抓著硬幣向孩子們撒去。這一來，孩子們更是越聚越多。

隔一天，《塔爾薩世界報》頭版刊登了一篇報導，標題是：「塔爾薩來了一位大富翁」——說是一個名叫巴布，從北方來的大富翁，誰都不知他有多少財產，只知道他把美分當成扁豆……巴布看中了塔爾薩的泰勒農場，決定在那裡投資一筆錢開採石油。他還到農場探望了那個老泰勒，許諾將用二萬美元買下農場。可泰勒不是傻瓜，還想釣到更大的魚。

幾天後，一輛福特又來到泰勒農場。因為泰勒農場已成為當地的新聞熱點，記者們一見福特車駛來，就一窩蜂奔過來看個究竟。車上走出一個頭髮油黑、兩撇鬍子高翹的年輕人。來人聲稱是大銀行家克裡特的私人祕書謝爾曼。

謝爾曼向泰勒開出條件，同意以二萬五千美元買下泰勒農場。如此高價，泰勒有些心動了。可是，他老婆踢了他一腳。他忙說：「老兄，只能在拍賣場碰運氣了。」

第二天，《塔爾薩世界報》又刊登了一篇配有大幅照片的文章，標題是：「泰勒農場招鳳引鸞，塔爾薩又來了個大銀行家克里特」。

一時間，塔爾薩到處盛傳紳士巴布和銀行家克里特的事。大家都迫切地想知道，這兩個有錢人到底誰能奪得泰勒農場。

果然，一個星期後，拍賣泰勒農場的拍賣會如期召開時，那三家原本志在必得的石油商都退出了競爭，因為介入只能得罪克里特。這樣一來，就只剩巴布和克里特的代理人謝爾曼一爭高低。會場上圍滿了等著看好戲的觀眾。

「五百美元。」

「六百。」

「七百。」

……

競價升到一千一百美元時，突然，巴布不作聲了。

拍賣師叫了三聲，仍沒有人應價。鎚聲響了。克里特以一千一百美元獲得了泰勒農場。在場的人都大吃一驚。沒想到泰勒農場竟以一千一百美元就賣出了。

克里特購得泰勒農場之後，忽又改變了主意，以五千美元轉手賣給格蒂家族開採石油。格蒂家族在其後的日子裡，由此獲得了十萬美元以上的財富。

許多年後，社會大眾才看穿了這場騙局。原來，那個中年紳士巴布是窮掘井工米露斯克里，那個銀行家的代理人謝爾曼當然就是化了妝的喬治·格蒂。得知這項事實的人都非常氣憤，送了這個格蒂家族日後的當家一個「騙子」的綽號。然而，這樣的騙局在當時並不犯法，小格蒂毫不慚愧地取得了泰勒農場。

小格蒂這次的成功，使他的父親發現了他的才華，改變了對他的看法，同意他經營家族的石油業，從而使他青雲直上，最後成為擁有60多億美元的巨富。

❖ 發現市場的訣竅

很多年前的一天，南太平洋上某一島嶼來了兩個分屬英國和美國皮鞋廠的推銷員。他們分頭在島上跑了一圈。第二天，各自給自己所屬的工廠發了電報。

英國推銷員的電文說：「此島無人穿鞋。我於明天飛返。」

美國推銷員的電文說：「此島無人穿鞋，皮鞋銷售前景極佳。我擬留於此。」

第三天，英國推銷員飛離此島。

美國推銷員則留下，他畫了一張「廣告」，上面沒有說明文字，只是畫著一位當地模樣的壯漢，腳穿皮鞋，肩扛虎豹狼鹿等獵物，威武雄壯，煞是好看。

當地土著看了這張「廣告」，紛紛前來打聽，從哪裡能弄到畫中壯漢腳上穿的那東西。他們認為穿了它，定能捕獲更多獵物。

這是一則在商界流傳很廣的故事，它的真實性已難考查，但它形象地說明了如何發現市場，尋找機遇的道理。

用計錦囊

「打草驚蛇」之計，一則指對於隱蔽的敵人，己方不可輕舉妄動，以免敵方發現我軍的意圖而採取主動；二則指用佯攻助攻等方法「打草」，引蛇出洞，使其中我埋伏，然後聚而殲之。

的確，商戰之中，大家你爭我奪，各施其招，如八仙過海，各顯神通，各種怪招、奇招，甚至壞招，層出不窮。只要能達到目的，又在法律許可的範圍內，幾乎沒有什麼招是不能用的。

難怪有人說：「商招沒道義，只有成功與失敗。」

第十四計 借屍還魂

計名探源

借屍還魂，原意是說，已經死亡的東西，又借助某種形式，得以復活。用在軍事上，是指利用、支配那些沒有作為的勢力，達到施計方之目的的策略。

戰爭中，對雙方都有幫助的勢力，往往難以駕馭，很難加以利用。沒什麼作為的勢力則必然得尋求靠山。這時候，善於利用和控制後者，就可能達到取勝的目的。

秦朝施行暴政，天下百姓「欲為亂者，十室有五。」大家都有反秦的願望，但是，若沒有強有力的領導者和組織者，也難成大事。

秦二世元年，陳勝、吳廣被徵發到漁陽戍邊。大群戍卒走到大澤鄉時，突然降下大雨，道路被水淹沒，眼看已無法按時到達漁陽。秦法規定：凡是不能按時到達指定地點的戍卒，一律處斬。

陳勝、吳廣尋思：即使到達漁陽，也會因誤期被殺。不如一拼，尋求一條活路。他們知道，同去的戍卒也都存著這種心思。這正是舉兵起義的大好時機。陳勝又想到，自己地位低下，恐怕沒有號召力。

當時有兩位名人深受人民尊敬，一個是秦始皇的大兒子扶蘇，溫良賢明，已被秦二世那陰險狠毒的權宦趙高矯詔殺害，老百姓卻不知情；另一個是楚將項燕，功勳卓著，愛護將士，威望極高，在秦滅六國之後不知去向。於是，陳勝公開打出這兩人的旗號，以期得到人民大眾的擁護。他們還利用時人的迷信心理，巧妙地做了安排。

有一天，士兵做飯時，剖開一條魚，發現魚腹中有一塊絲帛，上寫「陳勝王」（其中，「王」字是「稱王」之意）。士兵大驚，暗中傳開。吳廣又趁夜深人靜之時，在曠野荒廟中學狐狸叫。士兵們還隱隱約約聽到空中有「大楚興，陳勝王」的叫聲。他們以為陳勝不是一般人，肯定是承「天意」來領導大家。

陳勝、吳廣見時機已到，率領戍卒殺死朝廷派來的校尉。陳勝登高一呼，揭竿而起。他說：「我們反正活不成了，不如和他們拼個你死我活！就是死，也要死出個樣兒來！」於是，陳勝自號將軍，任吳廣為都尉，攻佔大澤鄉。天下雲集響應，節節勝利，所向披靡。後來，部下擁立陳勝為王，國號「張楚」。

原文

有用者，不可借①；不能用者，求借②。借不能用者而用之，「匪我求童蒙，童蒙求我③。」

注釋

①有用者，不可借：意為世間許多看上去很有用處的東西，往往不容易駕馭，使之為己所用。

②不能用者，求借：此句之意與上句相對，即有些看上去無甚用途的東西，往往可以借助它，使之為己發揮作用。猶如我欲「還魂」，必得借助看似無用的「屍體」。用之於兵法，是說兵家要善於抓住一切機會，甚至看上去無甚用處的蛛絲馬跡，努力爭取主動，壯大自己，變不利為有利，乃至轉敗為勝。

③匪我求童蒙，童蒙求我：語出《易經・蒙卦》。蒙，卦名。本卦是異卦相疊（下坎上艮）。上卦為艮為山，下卦為坎為水。山下有險，草木叢生，故曰「蒙」。這是蒙卦卦象。這裡，「童蒙」是指幼稚無知，求師教誨的兒童。此句意為：不是我求助於愚昧之人，而是愚昧之人有求於我。

譯文

這段話聽起來有些玄妙，意思是：在戰場上，對雙方都有幫助的人事物往往難以駕馭，不可加以利用。反之，沒有作為者必須依附求助於人，可利用並順勢控制之，以達到不是我受人支配，而是我指使支配人的目的。

講解

「借屍還魂」，指假借外力或其它條件，恢復自身之生機，東山再起。此計是在處於被動或其它不利的局面時使用，是一種化無用之物為有用的謀略，名為「借屍」，實際上是為了「還魂」。大凡已經有作為的事物，必難以駕馭；沒有作為的事物，必須尋求依附，便可加以利用。借屍之法可撿，可偷，可搶，可換，方法多樣。

釋解妙計

古人按語：換代之際，紛立亡國之後者，固「借屍還魂」之意也。凡一切寄兵權於人，而代其攻守者，皆此用也。

歷史上屢見這種情況：改朝換代之際，實掌權力者喜歡推出亡國之君的後代，打著他們的旗號號召天下，以達到奪取天下的目的。

軍事上，指揮官一定要善於分析戰爭中各種力量的變化，利用一切可以利用的力量。有時，己方即使受挫，處於被動之局，如果善於利用敵方矛盾，利用一切可以利用的力量，也能夠化被動為主動，改變戰爭形勢，達到取勝的目的。

典故名篇

❖ 不願露面的英國皇家飛行員

第二次世界大戰之際，法西斯德國佔領下的荷蘭北部地區出現一個頗具影響力的祕密抵抗組織。據說，這個組織的領導者是英國皇家飛行員強尼・斯皮特法爾。他是一位功勳卓著的戰鬥英雄。在他領導下，這個組織非常具有號召力。荷蘭人到處傳頌著他的名字，但是，誰也沒見過他。他的計畫、命令都是由安妮姊弟倆傳達。直到戰後，人們仍未能見到這位傳奇式的英雄。

為什麼這位英雄總不露面呢？經過盟軍的一番調查，才弄清了事情的真相。原來，並不是英國皇家飛行員領導這個組織，這個施予德軍強大打擊的抵抗組織領導人恰恰就是安妮姊弟倆。

事情還得從頭說起。

安妮姊弟倆的親人都被德軍殺害，他們對德軍懷著深仇大恨。一天晚上，他們在家門口發現了跳傘時身負重傷的英國皇家飛行員強尼・斯皮特法爾。他們把飛行員抬回家細心照料，還偷偷地請醫生為他治療。然而，這飛行員由於失血過多，幾天後還是去世了。姊弟倆十分悲痛。

為了掩人耳目，他們給飛行員換上一套當地人的衣服，然後把他埋葬了。在整理飛行員的遺物時，他們心中突然產生一個大膽的想法：何不利用這飛行員的身分，組織一個抵抗組織，向德國法西斯報仇雪恨……

說幹就幹，姊弟倆立即以英國皇家飛行員強尼・斯皮特法爾的名義聯絡各地抵抗軍。當地人紛紛慕名參加這個祕密抵抗組織。

一時間，強尼・斯皮特法爾的「指令」通過安妮姊弟倆，傳遍了荷蘭北部。抵抗軍在他有效的領導下，施予德軍一次又一次強而有力的打擊。

德國法西斯在世界各國人民聯合反抗下，日益走向沒路。安妮姊弟倆知道，一旦戰爭結束，一定會有人來查訪強尼・斯皮特法爾的下落。為了不暴露祕密，姊弟倆聲稱這位飛行員在一次不幸的事故中犧牲了。

就這樣，荷蘭解放以後，盟軍經過抽絲剝繭，還是弄清了事情的來龍去脈。安妮姊弟倆受到盟軍的褒獎。

安妮姊弟倆利用英國皇家飛行員的名義，建立抵抗組織，與德國法西斯進行浴血鬥爭，正是「借屍還魂」這一計謀的成功運用。

❖ 神奇的巫師

他從充滿血腥味的死人堆裡爬了出來。

親人都被德國鬼子殺害了。他孑然一身，手中只有父親彌留時交給他的5美元。要不是父親用寬厚的身體護住他，他的生命也許已不存在這個地球上了。

他的名字叫保羅・道彌爾。那年，他才14歲。由於無依無靠，他只好四處流浪，自食其力。在戰火紛飛的年代，他不僅奇蹟般地生存下來，還磨煉出堅韌不拔、吃苦耐勞的品格。

一九四八年，道彌爾離開他的祖國匈牙利，輾轉到了美國。這時，他已21歲，仍然一無所有，也無一技之長，身上只有父親留給他的那5美元。他始終沒有將這5美元花掉，哪怕是在最危難的時候。因為在這5美元裡，不僅珍藏著一份他終生難忘的親情，還寄託著父親那殷切的希望。

在美國找一份工作勉強度日，並不是難事。何況，道彌爾還是個年輕力壯的小夥子呢！但是，他胸懷大志，並不以能夠維持生計為滿足。在1年半時間裡，他竟變換了15次工作。一旦碰上了較好的工作機會，他就把原來的工作辭掉，另就新業。

一天，他來到一家製造日用雜品的工廠，希望工廠老闆給他一個工作機會。老闆問他：「你能做什麼工作？」

道彌爾回答得很簡單：「除了技術性工作之外，做什麼都可以。」老闆說：「那好，你就來做搬運工吧！不過，這活兒可掙不了多少錢。」

道彌爾考慮的不是工錢多少，他另有打算。他問工廠幾點開門。老闆說，早上7點半。不過，可以8點半上班，因為來早了也沒有什麼事可做。

第二天早上7點鐘，道彌爾已經在工廠門口等候。老闆感到他是個誠實可信的青年，對他產生了好印象。道彌爾不聲不響，主動幫助老闆忙裡忙外，幹得很賣力氣，還做了許多分外的工作，一直到晚上9點才離開。

以後，道彌爾一直這樣堅持下來。他這種刻苦耐勞，持之以恆的精神，終於贏得了老闆的信任。

老板最後下了決心，要把整家工廠交給道彌爾管理。

一天，老闆把道彌爾叫到辦公室，對他說：「我還有許多事要做，想請你替我照管這家工廠。你不會不同意吧？」

道彌爾當然非常高興，也很自信：「謝謝你對我的信任！我想，我會把它管理得有聲有色。」

道彌爾做了工廠主管，每週工資由30美元升到了195美元。這在當時，可以說是令人羨慕的一筆收入了。

半年後，他向老闆提出了辭呈。老闆大惑不解。道彌爾把工廠經營得井井有條，彼此間又合作得很融洽，沒有任何不愉快的事發生，為何要提出辭呈？

道彌爾說，他想做推銷員。

幹推銷員？這可是個苦差事！老闆真不明白道彌爾為什麼要自找苦吃。不過，他還是十分佩服這位年輕人敢於吃苦的精神。

道彌爾當上推銷員之後，視野豁然開闊了許多。他廣泛地同各種顧客打交道，豐富了銷售產品的經驗，鍛鍊了交際能力和技巧，學會了如何去洞察和分析顧客的心理，同時也更深刻地了解了當地的風俗民情。這對於一個來自異國的青年人來說，無疑又積累了一大筆無形的財富。

但是，此時他又另有圖謀。他果斷地丟下自己如日中天的推銷事業，將親手建立的銷售網賣了出去，決定再一次從事新的事業。

道彌爾做出了一個令人震驚的決定。他看中了一家面臨倒閉的工藝品製造廠，決定以高價把它買下來。

工廠既然瀕臨破產，為什麼反要以高價購進？

道彌爾並非一個心血來潮的莽漢，他心裡自有其如意算盤：這家工廠如果倒閉，股東們連一半股金也收不回。他要確保股東們能夠繼續持有原有的全部股金。這對股東們來說，當然是求之不得的事。不過，道彌爾要求給他承擔風險的補償。他開出了條件：佔有工廠盈利的90％。

賣主對此感到為難：「你擁有的股份只有70％，卻要佔有90％的利潤。這樣，對其他股東如何交待？」

道彌爾一針見血地指出：「你這廠子已經支撐不下去了，現在談盈利，簡直是癡人說夢。要不是我來收購，那些股東最終連現在這點股金也收不回去。」

經過一番討價還價，道彌爾決定再讓一步，答應其他股東如果認為這樣做不划算，將來可以撤回他們的股金。

最後，這筆生意終於拍板成交。

道彌爾買下這個爛攤子後，工廠員工幾乎都對此不抱什麼希望。儘管如此，道彌爾仍然毫不動搖。他知道，既然自己買下了70%的股金，工廠也就差不多成了他獨資經營的企業，基本上可以按照自己的想法，大刀闊斧地進行整頓和改革了。

他一上任，就忙得顧不上白天黑夜，竟持續工作了36個小時，把工廠各個方面、各個環節細細審查了一遍。過去積累的經驗全部派上用場。他仔細研究了工廠存在的問題，針對這些問題，分別採取了具體的緊急處置。

首先，他從生產和銷售兩個環節進行整頓。

生產環節方面，必須提高效率、減少開支、降低成本。他針對不少員工對工廠的前景已失去希望，便藉機大批減員。對留下來的人員，他增加他們的工作量，提高他們的工資。這措施很快見效。

銷售環節方面的問題比較複雜，因為工藝品是特殊商品，銷售上不能按一般商品那樣對待。道彌爾認真分析了這種情況，對症下藥，實行大膽改革。他發現，前任錯誤地把工藝品當作普通商品對待，實行低價推銷的辦法，結果使工廠無利可圖，又降低了工藝品在顧客心目中的地位。他推估，正確的做法應是反其道而行，廢止推銷辦法，改為行銷制度；提高產品價格，保障合理的利潤；加強銷售服務，提高工廠的信譽。

經過一番雷厲風行的大整頓，這家原已病入膏肓，奄奄一息的工藝廠竟如枯木逢春，頓顯勃勃生機，一年後就實現了扭虧為盈。工藝品廠闖過一道道難關，走上坦途，生意越來越紅火。

正當這項事業蒸蒸日上之際，他卻又出人意料地宣佈退出。這時他才30歲。經過兩年的養精蓄銳，道彌爾決定重返企業界，再試鋒芒。這一次，他從一家銀行手中買下一家已經停工的玩具公司。玩具公司是作為抵押品，由銀行接收下來。道彌爾要的正是這樣的企業。他要通過自己的雙手，使這家企業死而復生。

來到這家混亂不堪，停工待斃的公司，道彌爾的情緒一下子高漲起來。他像一位高明的醫生，深入仔細地診斷公司的「病情」，對其「癥結」進行透徹的分析。然後，他用自己那把神奇的「手術刀」，對準三個要害部位，進行大膽的改革：一、簡化機構，精選人員；二、清理財務，杜絕浪費；三、根據市場需要，調整產品結構。

經過他的一番整頓，玩具公司開始高效率地運轉起來，既能賺錢又不浪費，產品適銷對路，資金周轉順暢，走上良性循環的軌道。

道彌爾再一次展現出他經營企業的卓越才幹。從此，同行稱他「神奇的巫師」。

在整頓玩具公司的過程中，他發現，玩具經常破損。這是個不小的難題。為了找到問題的根本原因，他同工人們一起工作和研究。結果發現，破損的主要原因出在包裝和搬運這兩個環節上，一些工人的粗心是造成破損的重要因素。因此，提高工人的責任心成為解決問題的關鍵。

有人問道：「為什麼你總愛買下一些瀕於破產的企業來經營？」

他回答得很巧妙：「別人經營失敗了，接過來，就容易找到它失敗的原因。只要把造成失敗的缺點和失誤找出來，並加以糾正，就能得到轉機，也就能重新賺錢。這比自己從頭幹起省力得多。」

道彌爾對安全感的論述頗有見地。他說：「安全感，是一個具有自力更生之願望和能力的人所必須獲得的東西。它不是遵循常規去做所能得到的，因為那種安全並不是真正的安全。真正的安全感是在曲折的考驗和實踐創新中才能獲得。」

這些獨到而精闢的見解，使得他在數十年的企業經營生涯中，總是立於不敗之地。

❖ 菲利浦公司絕處逢生

兵法中有「絕處逢生」一說，其意是指：處在極危險之境地的人必將竭盡所能，全力拼搏，從而獲得生存。

在企業經營中，對於衰落期的產品或連年虧損的企業，要善於「借屍還魂」，轉為生產適銷對路的產品，改革企業的管理，哪裡有生機就往哪裡轉，絕不猶豫。在這方面，菲利浦是成功的一例。

菲利浦是荷蘭的一家電器公司之名，一八九一年，由菲赫拉得與安頓兩兄弟所創立。最初，它只是一家生產電燈泡的小廠，全廠20多位職工全是菲利浦家族中的成員。經過90多年的發展，菲利浦公司今天不僅是荷蘭電子、電氣工業最大的壟斷性企業，亦是整個資本主義世界電子、電氣工業最大的壟斷組織之一。它在65個國家和地區設立子公司，其中50個國家設有工廠二百多家，共擁有職工34萬多。其近年銷售額一直居歐洲電子工業公司的首位，達二百億美元左右。

菲利浦公司在其發展史上，曾經歷過3次生死關頭。創建之初，公司的經營相當艱難。主持公司的長兄赫拉得是一位電氣工程師，在經營管理上是「門外漢」，產品打不開銷路，工廠連年虧損，債台高築。一八九五年，公司面臨清盤倒閉之際，赫拉得讓位，由其弟安頓主持公司事務。

安頓是個善於動腦筋的人，而且具有經濟眼光。他親自出馬從事產品推銷工作，工廠的生產和技術管理交由哥哥負責。透過報刊刊出的消息，他得知當時俄國剛開始普及電燈。他立即帶著燈泡樣品，趕到俄國。經過反覆走訪，終於在彼得堡接到5萬個燈泡的訂單。他急速打電報給哥哥備料生產。

赫拉得收到弟弟的電報後深感懷疑，回電查問：「是否5萬個燈泡之多？」哥哥的懷疑是有依據的，因為自從菲利浦公司成立以來，每年生產的燈泡不過5千個之多。

從打開俄國市場之後，安頓相繼又將公司產品銷向其他歐洲國家。從此，菲利浦公司大步向前。一九一二年，公司改名為菲利浦電器公司，不僅生產電燈泡，還生產其它電器、電訊設備等。

第一次世界大戰爆發之後，一場世界性的經濟危機，菲利浦也不能倖免，陷入了奄奄一息的垂危狀態。兄弟倆幾經奮力撐持，菲利浦才勉強生存下來。

正當菲利浦電器公司恢復元氣，重整旗鼓之時，第二次世界大戰的戰火燒到荷蘭。一九四〇年5月，荷蘭被德軍佔領。猛烈的轟炸，使菲利浦的廠房設備所剩無幾，剛接任董事長不久的的布利茲・菲利浦被捕入獄。

戰後，布利茲剛獲釋放，就率領家人及部分職工重建菲利浦家園。他大力吸收發達國家的資本和先進技術，並按產品建立分門別類的生產部門，在董事會下面成立經理局，統一領導生產，研究新技術產品和推銷策略。經過這一系列的努力，到二十世紀50年代中期，菲利浦公司已成為荷蘭三大超級企業之一。

從70年代起，公司大量增加科研經費，發展高科技產品，以電腦等更新產品爭佔市場，用電視機、錄影機與世爭雄。現在，菲利浦的名字已遠播世界各地。

用計錦囊

在現代企業經營中，「借屍還魂」廣泛地應用於改造舊企業、舊產品。利用名人和名牌效應，充分把握所有已存在的價值取向，即可戰勝白手起家或平地起高樓所面臨的一切艱難。

第十五計 調虎離山

計名探源

調虎離山，用在軍事上，是一種調動敵人的謀略。它的核心在於「調」字。虎，指敵方。山，指敵方佔據的有利地勢。如果敵方佔據了有利的地勢，並且兵力眾多，防範嚴密，我方就不可硬攻。正確的方法是設計相誘，把敵人引出堅固的據點，甚至誘入對我軍有利的地區。這樣做，才可望取勝。

東漢末年，軍閥並起，各霸一方。孫堅之子孫策時年僅17歲，年少有為，繼承父志，勢力逐漸強大。

公元一九九年，孫策欲向北推進，奪取江北盧江郡。盧江郡南有長江之險，北有淮水阻隔，易守難攻。佔據盧江的軍閥劉勛勢力強大，野心勃勃。孫策知道，如果硬攻，取勝的機會很小。他和眾將商議，定出了一條「調虎離山」的妙計。

針對劉勛極其貪財的弱點，孫策派人送去一份厚禮，並在信中把劉勛大肆吹捧了一番。信中說劉勛功名遠播，令人仰慕，表示要與其交好。孫策還以弱者的身分，向劉勛求救：「上繚經常派兵侵擾。我們力量薄弱，不能遠征。請求將軍發兵降服之，我們感激不盡。」

劉勛見孫策極力討好，萬分得意。上繚一帶十分富庶，他早想奪取。今見孫策軟弱無能，就決定發兵拿下。部將劉曄雖極力勸阻，劉勛卻哪裡聽得進去？他已經被孫策的厚禮、甜言迷惑住了。

孫策時刻監視劉勛的行動，見劉勛親自率領幾萬兵馬去攻上繚，城內空虛，心中大喜：「老虎已被我調出山，我們趕快去佔據他的老窩吧！」於是，他立即率領人馬攻城。幾乎沒有遇到太大的抵抗，他就十分順利地控制了盧江。

劉勛猛攻上繚，一直不能取勝。突然得報，孫策已取盧江，情知中計，後悔已經來不及，只得灰溜溜地投奔曹操而去。

原文

待天以困之①，用人以誘之②，往蹇來返③。

注釋

①待天以困之：天，指自然界的各種條件或情況。此句意為：戰場上，等到天然的條件或情況對敵方不利時，再去圍困他。

②用人以誘之：用人為的假象去誘惑他（指敵人），使他就範。

③往蹇來返；語出《易經·蹇卦》。蹇（音撿）：卦名。本卦為

異卦相疊（艮下坎上）。上卦為坎為水，下卦為艮為山。山上有水流，山石多險，水流曲折，言行道之不容易。這是本卦的卦象。蹇，困難。此句意為：往前走危險，就返身離開。

譯文

等待客觀條件對敵方不利時再去圍困他，用人為的因素去誘惑調動他，讓他喪失優勢，由主動變為被動。向前進攻有危險時，就想辦法讓敵人反過來攻我。這一計，核心正是「調虎離山」。把「虎」調開，使敵人的部署出現空檔，再趁虛而入，攻佔他的要地。此計之運用，是說戰場上若遇強敵，要用假象誘使敵人離開駐地，從而喪失他的優勢，使他處處皆難，寸步難行，由主動變為被動，我再出其不意，獲取勝利。

講解

「虎」喻強敵，「山」喻敵所據有利之地形、時機等條件。虎於山中則難以制服，敵人佔據有利的條件就難以戰勝他。智者引虎出山，於平陽捕之；良將審時度勢，明察戰局，誘敵以利，驅敵以害，或用智謀激怒之，使其陣腳混亂，自蹈死地。

釋解妙計

古人按語：兵語曰：「下政攻城。」若攻堅，則自取敗亡矣。敵既得地利，則不可爭其地。且敵有主而勢大。有主，則非利不來趨；勢大，則非天人合用，不能勝。漢末，羌率眾數千，遮虞詡於陳倉崤谷。詡即停車不進，而宣言上書請兵，兵到乃發。羌聞之，乃分抄旁縣。詡因其兵散，日夜進道，兼行百餘裡，令軍士各作兩灶，日倍增之，羌不敢逼，遂大破之。兵到乃發者，利誘之也；日夜兼進者，用天時以困之也；倍增其灶者，惡之以人事也。（《後漢書》卷五八《虞詡傳》、《戰略考·東漢》）

《孫子兵法》早就指出，不顧條件地去進攻城池是下等策略，必遭失敗。敵人既然已佔據了有利的地勢，又做好了應戰的準備，就不能去與他爭地。應該巧妙地用小利去引誘敵人，把他誘離堅固的防地，進入對我軍有利的戰區。此時，我方就可以化被動為主動，利用天時、地利、人和之條件，擊敗敵人。

典故名篇

❖ 虞詡施計，羌人放敵過境

東漢末期，北疆羌人叛亂。朝廷派虞詡率軍平叛。虞詡的部隊在陳倉崤谷一帶受到羌人阻截。這時，羌人士氣正旺，又佔據有利之地勢。虞詡不能強攻，又不能繞道，真是進退兩難。他決定引誘羌人離開堅固的據點。於是，他命令部隊停止前進，就地紮營。對外宣稱行軍受阻，向朝廷請派增援部隊。羌人見虞詡已停止前進，等待增援部隊，就放鬆了戒備，紛紛離開據點，到附近劫掠財物去了。

虞詡偵知敵人已離開據點，下令部隊急行軍，日夜兼程，每日超過百里。他命令，急行軍時，沿途增加灶的數量，今日增灶，明日增灶。敵人誤以為朝廷援軍已到，自己的力量又已經分散，不敢輕易出擊。虞詡順利地通過陳倉崤谷，轉入外線作戰。羌人在時間和空間上都轉入被動。不久，羌人之亂平定。

❖「男爵」汽車誕生記

一九八二年，瀕臨破產的美國第三大汽車製造公司克萊斯勒在艾柯卡領導經營下，終於走出連續4年虧損的低谷。但如何重振雄風，仍是艾柯卡苦苦思索的問題。

企業家常用的方法是提高企業的知名度和產品的市場佔有率，而出奇制勝、價廉質優又是重要手段。艾柯卡根據克萊斯勒當時的情況，決定首先運用出奇制勝之策。他把「賭注」押在敞篷汽車上。

美國汽車製造業停產敞篷小汽車已經10年。原因是：時髦的空氣調節器和立體聲收錄音機對敞篷汽車來說毫無意義，以及其它枝節。

雖然預計敞篷小汽車的重新出現會激起老一輩愛車人對它的懷念，也會引來年輕一代駕車人的好奇，但克萊斯勒大病初癒，再也經不起大折騰。為了保險起見，艾柯卡採用了「投石問路」的策略。

艾柯卡指揮工人用手工製造了一輛色彩新穎、造型奇特的敞篷小汽車。當時正值夏天，他親自駕駛著這輛敞篷小汽車在繁華的汽車主幹道上行駛。

在形形色色的有頂汽車串起的洪流中，敞篷小汽車彷彿是來自外星球的怪物，立即吸引了一長串汽車緊隨其後。幾輛高級轎車利用速度快的優勢，把艾柯卡的敞篷小汽車逼停在路旁。這正是艾柯卡所希望的。

尾隨者紛紛下車，圍住坐在敞篷小汽車裡的艾柯卡，提出一連串問題：「這是什麼牌子的車？」「這車是哪家公司製造的？」「這種汽車價格多少？」

艾柯卡面帶微笑，一一回答，心裡滿意極了。看來情況良好，自己的預想是對的。

為了進一步驗證，他又把敞篷小汽車開到購物中心、超級市場和娛樂中心等地。每到一處，就吸引了一大群人圍觀，道路旁的情景一次次重現。

經過幾次「投石」，艾柯卡掌握了市場情況。不久，克萊斯勒公司正式宣佈將要生產「男爵」型敞篷小汽車。美國各地都有大量愛好者預付定金，其中還有女騎士。

結果，第一年，敞篷汽車就銷售了二萬三千輛，是原來預估的7倍多。

❖ 調虎離山逃關稅

美國海關出現，已有數百年的歷史，蓄謀逃避海關管理條例，又要不犯法，簡直比登天還難。但有個美國進口商卻得逞了。他仔細研究了海關的各項規章，預料海關人員可能做出的某些假設，成功地調虎離山，鑽了一個法律漏洞。

當時，進口法國女式手套，得繳納高額進口稅。為此，這種手套在美國售價極其昂貴。而那位進口商跑到法國，買下了一萬副最昂貴的皮手套，然後要廠家將每副手套都一分為二，將其中一萬隻左手套發運到美國。

他一直不去提取這批貨物，直到過了提貨期限。凡遇到這種情況，海關得將之當成無主貨物，拍賣處理。這一萬隻舶來品左手套全都被拿出來拍賣了。

由於一整批左手套毫無價值，這樁生意的投標人僅有一個，就是本來的那位進口商。他只出一筆微不足道的錢（比稅金少了許多），就把它們全部買下來。

這時，海關當局意識到其中必有蹊蹺，曉諭下屬：務必嚴加注意，可能有一批右手套進港。不能讓那個進口商的計謀得逞。

然而，那位進口商已經預料到這一招。他把那些右手套合裝成5千盒，每盒裝兩隻右手套。這個寶押對了，第二批物貨順利通過海關。那位進口商只交了5千副手套的關稅，再加上在第一批貨拍賣時所付的那一小筆錢，就把一萬副手套運進了美國。

用計錦囊

在這一計中，「虎」指的是敵人，「山」指的是良好的陣地條件。作戰時，把敵人誘離出堅固的據點，轉到次要的方向或對敵不利的地區，從而達到取勝的目的，這是「調虎離山」計的核心。

《孫子‧謀攻篇》云：最下策才是圍城攻堅。敵人佔據有利的地形，且早有準備，若無利可圖，必不會輕易離開有利的陣地。聰明的指揮官只有利用天時、地利等有利的條件，引誘敵人就範，才能取勝於敵。在商戰中，「調虎離山」之計，對企業擺脫困境大為重要。比如調動好資金，使這隻「虎」發揮作用。資金用得順暢，人才用得好，技術跟上，管理到位，一家企業也就會開始良性循環了。

第十六計◆欲擒故縱

計名探源

「欲擒故縱」中的「擒」和「縱」是一對矛與盾。軍事上，「擒」是目的，「縱」是方法。古人有「窮寇莫追」的說法。實際上，不是不追，而是看怎樣去追。把敵人逼急了，他只得竭盡全力，拼命反撲。不如暫時放鬆一步，使其喪失警惕，鬥志鬆懈，然後伺機而動，殲滅之。

諸葛亮七擒孟獲，就是軍事史上一個「欲擒故縱」的絕妙戰例。

蜀漢建立之後，定下北伐大計。當時，西南夷酋長孟獲率十萬大軍侵犯。諸葛亮為了解決北伐的後顧之憂，決定親自率兵先平孟獲。

蜀軍主力到達瀘水（今金沙江）附近，誘敵出戰。諸葛亮已事先在山谷中埋下伏兵。孟獲被誘入伏擊圈內，兵敗被擒。

按說，擒拿敵軍主帥的目的已經達到，從而削弱了敵軍的戰鬥力，乘勝追擊，自可大破敵軍。但是，諸葛亮考慮到孟獲在西南夷中威望很高，影響很大，必須讓他心悅誠服，主動請降，才能使南方真正穩定。不然，西南夷各個部落仍不會停止侵擾。他決定對孟獲採取「攻心」戰，斷然釋放孟獲。

孟獲表示，下次定能擊敗蜀軍。諸葛亮笑而不答。

孟獲回營，拖走所有船隻，據守瀘水南岸，阻止蜀軍渡河。諸葛亮趁敵不備，從敵人不設防的下游偷渡過河，襲擊了孟獲的糧倉。孟獲暴怒，要嚴懲將士，激起將士的反抗，於是相約投降，趁孟獲不備，將他綁赴蜀營。諸葛亮見孟獲仍不服，再次將其釋放。

其後，孟獲又用了許多計策，都被諸葛亮識破。這期間，他四次被擒，四次被釋放。最後一次，諸葛亮火燒孟獲的藤甲兵，第七次生擒孟獲。孟獲終於大受感動，真誠地感謝諸葛亮七次不殺之恩，誓不再反。從此，蜀國西南安定，諸葛亮才得以舉兵北伐。

原文

逼則反兵，走①則減勢。緊隨勿迫，累其氣力，消其鬥志，散而後擒，兵不血刃②。需，有孚，光③。

注釋

①走：跑。逼迫敵人太緊，他可能因此拼死反撲。若讓他逃跑，則可減削他的氣勢。

②血刃：血染刀刃。

③需，有孚，光：語出《易經·需卦》。需：卦名。本卦為異卦相疊（乾下坎上）。下卦為乾為天，上卦為坎為水，是降雨在即之象。引申之，亦象徵一種危險的存在（因為乾為天，上卦為坎為水，是降雨在即之象。引申之，亦象徵一種危險的存在（因為「坎」有險義），必得去突破它，但突破危險又要善於等待。「需」，等待。《易經·需卦》卦辭：「需，有孚，光享。」孚，誠心。光，通廣。句意為：善於等待，懷著誠心（包括耐心），就會大吉大利。

譯文

逼得敵人無路可走，他就會竭力反撲；故意放他一條生路，反而會削弱他的氣勢。追擊時，不要過於逼迫，以消耗他的體力，瓦解他的鬥志，待其士氣沮喪，潰不成軍，再去圍捕，可以避免流血。按照《易經》需卦的原理，待敵人心理完全失敗而信服我時，就能贏得光明的結局。

講解

一日縱敵，百日之患。可見，縱敵需有保證，即最終仍能擒敵。縱敵並非意在使之日益強大，而是要消耗其體力，瓦解其鬥志，以便在緩和的局勢中，順利地征服他。

諸葛亮七擒孟獲是為了使他心悅誠服，永不悔叛。而項羽於鴻門宴上放走劉邦，最終卻被逼死於烏江。

當縱則縱；不當縱，切不可放過。縱不可過，過則害己。

釋解妙計

古人按語：所謂縱者，非放之也，隨之，而稍鬆之耳。「窮寇勿追」，亦即此意。蓋不追者，非不隨也，不迫之而已。武侯之七縱七擒，即縱而躡之，故輾轉推進，至於不毛之地。武侯之七縱，真意在拓地，在借孟獲以服諸蠻，非兵法也。故論戰，則擒者不可復縱。

打仗，只有消滅敵人，奪取地盤，才是目的。如果逼得「窮寇」狗急跳牆，垂死掙扎，致己方損兵失地，即不可取。放他一馬，不等於放虎歸山，目的在於讓他鬥志逐漸懈怠，體力、物力逐漸消耗，最後尋找機會，達到消滅敵人的目的。諸葛亮七擒七縱孟獲，決非感情用事，他的最終目的是在政治上利用孟獲的影響，穩住南方；在地盤上，乘機擴大疆土。

軍事謀略上有「變」、「常」二字。釋放敵軍主帥不屬常例。通常情況下，擒住了敵人，不可輕易放掉，免貽後患。而諸葛亮審時度勢，採用攻心之計，七擒七縱，主動權操在自己手上，最後終於達到目的。

典故名篇

❖ 晏子治理東阿

齊景公派晏子去治理東阿。三年後，有人向景公說晏子的壞話。景公十分不悅，立召晏子入朝，欲罷其官。

晏子懇切地說：「臣已知錯。請讓臣再治理東阿三年。到那時若無人說我的好話，再罷我的官不遲。」

景公答應，又派他去治理東阿。又過了三年，景公果然聽到不少稱許晏子的好話。這一來，景公非常高興，又召晏子入朝，要重賞他。晏子嚴辭拒絕。景公問其故。

晏子回答：「前三年我到東阿，讓人修築道路，出錢出力者責怪我。我力主節儉勤勞，懲治作奸犯科的人，懶漢刁民怨恨我。權貴橫行鄉裡，仗勢欺人，我不寬恕，他們就忌恨我。周圍的人求我辦事，我不答應，他們就反對我。於是，您就聽到了許多人說我的壞話。後三年我改變了做法。我不讓人修路，有錢有力氣的人開心了。我輕視節儉勤勞，姑息犯罪的人，懶漢刁民高興了。權貴為所欲為，我裝作不知，他們對我十分滿意。周圍的人求我辦事，我有求必應，甚至不惜假公濟私，他們對我讚不絕口。於是，關於我的好話就傳到您的耳中。現在您要封賞我，我認為應該懲罰我。這就是我不能接受封賞的原因。」

景公至此才恍然大悟，知道晏子是一個賢臣，就把治理國家的重任交給他。其後，晏子只用了三年時間，就使齊國實力大增，復躋身於霸者之列。

晏子為了達到勸服景公的目的，寧肯做違反自己原則的事，用後三年的不賢反襯出前三年的賢良。運用了這種「欲擒故縱」的策略，他終於贏得了景公的信任。

❖ 吊人胃口的報紙廣告

在廣告手法中，「懸念」是很特殊的一種。

懸念，意為在廣告中故意只說一點，留下許多隱微之處，讓讀者自己去思考，以引起他們注意。它一般是指在廣告訴求中創設某種疑點，使其成為受眾心中探究的目標，引發受眾的好奇心和追根究柢的興趣。運用得當，「懸念廣告」的效果相當驚人。它不僅可以大大縮短宣傳週期，而且給人的印象非常深。

一九九四年3月26日，台灣兩大報同時刊出了一則沒有廠牌的摩托車廣告。廣告面積佔了報紙的整個版面，中間是一片空白，上面是一幅漫畫式的摩托車插圖，圖的下面有幾行字：

「今天不要買摩托車。」

「請稍候6天。」

「有一部意想不到的好車……」

「不要著急，它就要來了。」

這則廣告一推出，立即引起消費者的注意。

第二天，這則廣告又登出來。只是「請稍候6天」，已改成了「請稍候5天。」

這下子，摩托車經銷商有意見了。他們紛紛打電話責問廣告業主——三陽機車公司：「為什麼這兩天叫消費者不要買摩托車？」因為這兩天買摩托車的人的確少了。

三陽公司不理不睬，第三天繼續刊登這則廣告，仍然只改了一個字，將「請再稍候5天」改成了「4天」。這次不僅是經銷商，連其他機車生產企業都開始抗議了。

第四天，廣告內容變了——

「請再稍候3天。」

「要買摩托車，您必須考慮到外形、耗油量、馬力、耐用度。」

「有一部與眾不同的好車就要來了。」

這天的廣告，連三陽公司的推銷員都大喊「受不了」，因為他們這幾天所推銷出去的摩托車數量大減。

第五天的廣告內容又稍微有些變化——

「煩您再稍候兩天。」

「讓您久候的這部無論外形、衝力、耐用度、省油等方面都令您滿意的『野狼125』摩托車就要來了。」

第六天：「讓您久候了！『三陽野狼125』明天就要來了。」

第七天，產品終於大量上市，廣告也佔了報紙的整個版面，造成了極大的轟動。

三陽機車公司發送各地的首批五百輛車，不到三個小時即全部賣完。又送出去五百輛，馬上就被搶購一空。

三陽機車的推銷員、各地的經銷商都樂得合不攏嘴。

那些生產其它品牌摩托車的廠家，生意大受影響。他們眼睜睜地看著三陽機車公司的「野狼」橫衝直撞，自己卻只能望洋興嘆了！

用計錦囊

「將欲取之，必先予之。」戰爭是你死我活的較量。在某些條件下，想奪取勝利，必須暫時放縱之，以等待時間，營造條件，最後方能創造出輝煌的戰果。

在戰場上，這一計謀大多在兩種情況下採用：一是敵人銳氣正盛，故意避戰示弱，縱敵驕傲、麻痺，疏於戒備，而後乘機攻擊；二是處於優勢地位時，採取圍而不殲、精神瓦解等手段，選擇條件較好，得之輕易而所付代價較小的戰法或戰機去戰勝敵人。

使用此計的人必須具有寬廣的胸懷和遠大的目光，摸透敵方的心理，既敢縱，又擒得住。諸葛亮七擒孟獲的故事，講的就是運用這一計謀的典型戰例。

第十七計◆
拋磚引玉

計名探源

拋磚引玉，出自《傳燈錄》。相傳，唐代詩人常建聽說詩壇名家趙嘏要去遊覽蘇州靈岩寺。為了請趙嘏作詩，常建先在廟壁上題寫了兩句。趙嘏見到，立刻提筆續寫了兩句，而且比前兩句寫得好。後世文人即稱常建的這種做法為「拋磚引玉」。

此計用於軍事，是指用相類似的事物去迷惑、誘騙敵人，使其懵懂上當，誤中圈套，然後乘機擊敗他的謀略。「磚」和「玉」，是一種形象的比喻。「磚」指的是小利，充作誘餌；「玉」指的是作戰的目的，即大的勝利。「引玉」是目的；「拋磚」是為了達到目的的手段。釣魚需用餌，讓魚兒嘗到一點甜頭，牠才會上鉤；敵人佔了一點便宜，才會誤入圈套，身不由己。

公元前七〇〇年，楚國即用「拋磚引玉」的策略，輕取絞城。

這一年，楚國發兵攻打絞國（今湖北鄖縣西北）。大軍行動迅速，很快兵臨城下，氣勢旺盛。絞國自知出城迎戰，凶多吉少，決定堅守城池。絞城地勢險要，易守難攻。楚軍多次進攻，均被擊退。兩軍相持一個多月。

楚國大夫屈瑕仔細分析了故我雙方的情況，認為絞城只可智取，不可力克。他向楚王獻上一條「以魚餌釣大魚」的計謀：「攻城不下，不如利而誘之。」

楚王問他誘敵之法。屈瑕建議，趁絞城被圍月餘，城中缺少薪柴之時，派些士兵裝扮成樵夫，上山打柴。待運回來時，敵軍一定會出城劫奪。頭幾天，讓他們先得一些小利。等他們麻痺大意，派出大批士兵出城劫奪柴草之時，先設伏兵斷其後路，然後聚而殲之，乘勢奪城。楚王擔心絞國不會輕易上當。屈瑕說：「大王放心！絞國雖小，絞人輕躁，輕躁則少謀略。有這樣香甜的餌，不愁他不上鉤。」

於是，楚王依計而行，命一些士兵裝扮成樵夫，上山打柴。絞侯聽探子報知，有樵夫進山，忙問，那些樵夫有無楚軍保護。探子說，他們三三兩兩進山，並無兵士跟隨。絞侯馬上佈置人馬，待「樵夫」背著柴禾出山之機，突然襲擊，果然順利得手，抓了三十多個「樵夫」，奪得不少柴草。一連幾天，收獲不小。見有利可圖，絞國士兵出城劫奪柴草的越來越多。

楚王見敵人已經吞下釣餌，便決定迅速逮住大魚。第六天，絞國士兵像前幾天一樣出城劫掠。「樵夫」們見絞軍又來了，嚇得沒命奔逃。絞國士兵緊緊追趕，不知不覺被引入楚軍的埋伏圈內。突然，伏兵四起，殺聲震天。絞國士兵哪裡抵擋得住，慌忙敗退。又遇另一路伏兵斷了歸路，死傷無數。楚王此時趁機攻城。絞侯自知中計，已無力抵抗，只得請降。

原文

類以誘之①，擊蒙也②。

注釋

①類以誘之：以某種類似的東西誘惑敵人。

②擊蒙也：語出《易經・蒙卦》。擊，撞擊、打擊。句意為：誘惑敵人，便可打擊這種受我誘惑的愚蒙之人了。

譯文

用極類似的東西去迷惑敵人，從而達到打擊敵人的目的。

講解

「拋磚」就是利用敵人愛佔便宜的弱點，先給一些甜頭，誘其上鉤。待其慢慢麻痺，再使其付出更大的代價——亦即「引玉」。

「拋磚引玉」是一種「先予後取」的策略，己方付出較少的代價，卻得到較多的好處；做出較小的犧牲，卻贏得較大的勝利。拋磚引玉，有以小引大，得而不失；有以小換大，得比失多；還有以小抵大，敵人損失比我方多。

釋解妙計

古人按語：誘敵之法甚多，最妙之法，不在疑似之間，而在類同，以固其惑。以旌旗金鼓誘敵者，疑似也；以老弱糧草誘敵者，則類同也。如：楚伐絞，軍其南門。屈瑕曰：「絞小而輕，輕則寡謀。請勿捍（保護）採樵者以誘之。」從之，絞人獲利。明日絞人爭出，驅楚役徙於山中。楚人坐守其北門，而伏諸山下，大敗之，為城下之盟而還。又如孫臏減灶而誘殺龐涓。（**《史記》卷六十五《孫子吳起列傳》**）

戰爭中，迷惑敵人的方法多種多樣，最妙的方法不是用似是而非的方法，而是應用極相類似的方法，以假亂真。比如，用旌旗招展、鼓聲震天引誘敵人，屬「疑似」法，往往難以奏效。而用老弱殘兵或遺棄糧食柴草之法誘敵，屬「類同」法，這樣做，容易迷惑敵人，收到效果。因為類同之法更容易造成敵人的錯覺，使其判斷失誤。

當然，使用此計，必須充分了解敵方將領的情況，包括他們的軍事水準、心理素質、性格特徵。這樣一來，才能讓此計發揮效力。

正如《百戰奇略·利戰》中所說：凡與敵戰，其將愚而不知變，可誘以利；彼貪利而不知害，可設伏兵擊之，其軍可敗。法曰：「利而誘之。」龐涓就是因為驕矜自用，才中了孫臏減灶撤軍之計，死於馬陵道。

典故名篇

❖ 馬燧奇計敗田悅

唐朝末年，以魏博節度使田悅為首的「四鎮」聯合起兵對抗朝廷。唐王朝派遣足智多謀的河東節度使馬燧率兵前去平定叛亂。

馬燧連敗田悅，長驅直入，攻至河北三個叛鎮的轄地。由於進兵過快，糧草供應不上，馬燧陷入困境。田悅覺察到馬燧的難處，深居壁壘之中，拒不出戰。

數天後，馬燧的糧食將盡。窘迫中，他苦苦思索逼田悅出戰的計策。忽然，他想到田悅的老巢在魏州（今河北大名東北），興奮地拍案而起：「如果去攻打魏州，不怕他田悅不救！」

於是，馬燧命令部隊趁半夜潛出軍營，沿一但水直奔魏州；又令數百名騎兵留在營內，擊鼓鳴角，燃點營火。天亮後，馬燧大軍已全部離開大營，留守的騎兵停止擊鼓鳴角，也潛出軍營，按照馬燧的命令隱藏了起來。

唐營一片寂靜。田悅聞報，派人前去偵察，發現是）座空營。不久，又有探騎飛報：馬燧率大軍撲向魏州。田悅大吃一驚，急忙傳令退軍，親率輕騎，馳救魏州。半途中，他追上了嚴陣以待的官軍。

馬燧以逸待勞，向田悅發起進攻。但田悅所率叛軍很有戰鬥力，漸漸地，官軍的兩翼落了下風。馬燧見戰局不妙，親率自己的河東軍殺入敵陣，又傳令擊鼓助威。官軍兩翼勇氣大增，返身發起反攻。田悅終於抵擋不住，向洹水邊退去。到了洹水河邊，三座便橋早已被馬燧留守大營的騎兵燒毀。叛軍頓時大亂。

馬隧見機不可失，揮軍衝殺。叛軍只好跳水逃命，溺死無數。

這一仗，叛軍被斬殺二萬餘，數千人被俘，田悅只帶千餘人逃回魏州，元氣大傷。

❖ 霍英東的成功推銷

一九五一年，歷時三年的韓戰結束。剛過而立之年的霍英東已由一個一文不名的「舢板客」，搖身變成一個千萬富豪。

在航運業獲得的巨大成功，使霍英東對自己的事業更充滿信心，他決心以更大的勇氣尋找新的發展途徑。他認為，香港由於航運事業繁榮，必然會帶來金融貿易的發展，而香港的商業及住宅樓宇的不足，又必將影響到金融貿易的開發。於是他將目光和經營重點轉移到樓宇住宅建設上去。

一九五四年12月，霍英東在香港銅鑼灣買下他的第一幢大廈，並創辦了「立信建築置業有限公司」。他收購和拆卸舊樓，建築新樓，開始進入他事業的全新時代。

創業之初，遠非一帆風順。一九六七年，轟動香港的「左派暴動」正鬧得如火如荼，地產市道急劇下跌。霍英東恰在此時建了星光行大廈，坐落於九龍天星碼頭之前。由於租主嚇跑了，星光行只好廉價售給怡和洋行旗下的置地公司。結果，置地在半年內將星光行數百間辦公室全部租出。霍英東眼巴巴地損失了三千萬港元。

失敗使霍英東飽嘗了痛苦，但痛苦又磨煉了他的意志。在如何經營的問題上，他的創新意識發揮了作用。

通過精心的觀察、分析，他發現，當時只有富裕階層才購得起物業。要買一幢樓，必須預先準備幾十萬元現金，一次付清。即一手交錢，一手接房，少不得一毫一釐，拖不得一時半刻，一點通融的餘地也沒有。對買賣雙方來說，這都是苦事一樁。

經過不斷探討，霍英東領悟到，只有最大限度地擴大購買對象的層面，房地產業才能普及並發展起來。

於是，他發明了「樓宇預售」的辦法：顧客只要預先交付10%的現金，就可以購得即將破土動工興建，可供出售或出租的樓宇。也就是說，一幢售價10萬港元的樓宇，只需準備1萬元現金，就可買得居住權，9萬元和利息按合約，以後分期付款償還。

對房地產商來說，以前只能建造一座樓宇，現在用同樣的資金加上預收款項，在建築工價是售樓價三分之一的情況下，可以興建4座樓宇。

而對購屋者來說，具有更大的誘惑力：你可以先付一小筆錢。待樓宇建成，房價上漲，轉手倒賣，即可賺得白花花的銀子。這就是香港盛行的「炒樓花」。

「樓花」的發明，使一般市民也有機會買樓住了。用霍英東的話說：「今天，一個傭人也可以擁有一層樓，她只需先付一小筆錢。」

霍英東這種大膽的創舉，擴大了購買範圍，使房地產生意越做越活，資金運轉快，效益日增。很快，其他房地產商亦競相仿效。

由此，短短十多年裡，霍英東即成為國際知名的香港房地產業巨頭、億萬富翁。

「拋磚引玉」法，讓顧客明白自己可能得到的利從而積極消費，而企業雖然讓出了一部分利，但招攬來的生意卻遠遠超出讓的部分，隨之而來的是營業額成倍增加，資金流通加快，企業的知名度提高。

用計錦囊

「拋磚引玉」這句成語，大家都很熟悉，它用來比喻：自己先發表不成熟的意見，以引出別人的高見。作為一條軍事計謀，它的重點是：用「類似法」引誘敵人就範。

引誘敵人的辦法很多，最好的辦法不是那種只知彩旗飄揚、敲鑼打鼓的虛張聲勢，而是善於運用戰術偽裝，示假隱真，以利誘敵。釣魚要用誘餌，「引玉」先得「拋磚」，讓敵人嘗到一點甜頭，才能引他吃大的苦頭。

「拋磚引玉」亦可作為營銷謀略：經營者在市場上推銷自己的商品時，先拋出一些作為「誘餌」的微利，以誘發和刺激顧客的購買慾，藉此謀取更多更大的利潤。

第十八計 擒賊擒王

計名探源

擒賊擒王，語出唐代詩人杜甫《前出塞》：「挽弓當挽強，用箭當用長。射人先射馬，擒賊先擒王。」民間有「打蛇要打七寸」的說法，也是這個意思。蛇無頭不行，打了蛇頭，這條蛇也就完了。

此計用於軍事，是指打垮敵軍主力，擒拿敵軍首領，使敵軍徹底瓦解的謀略。擒賊擒王，就是捕殺敵軍首領或者摧毀敵人的首腦機關，使敵方陷於混亂，便於我方徹底擊潰之。指揮者不能滿足於小的勝利，要統觀全局，擴大戰果，以得全勝。如果錯過時機，放走了敵軍主力和敵方首領，就好比放虎歸山，必然後患無窮。

唐朝安史之亂時，安祿山氣焰囂張，連連大捷。安祿山之子安慶緒派勇將尹子奇率十萬勁旅進攻睢陽。御史中丞張巡駐守睢陽，見敵軍來勢洶洶，決定據城固守。敵兵二十餘次攻城，均被擊退。尹子奇見士兵已經疲憊，只得鳴金收兵。

某夜，尹部剛剛準備休息，忽聽城頭戰鼓隆隆，喊聲震天。尹子奇急令部隊留神，準備與衝出城來的唐軍激戰。張巡「只打雷不下雨」，不時擂鼓，像要殺出城來，卻一直緊閉城門，沒有出戰。

尹子奇的部隊被折騰了整夜，沒有得到休息，將士們疲乏已極，眼睛都睜不開，一倒在地上就呼呼大睡。突然，城中一聲炮響，張巡率領守兵衝殺出來。尹部士兵從夢中驚醒，驚慌失措，亂作一團。張巡一鼓作氣，接連斬殺五十餘名敵將、五千餘名士兵，尹部叛軍大敗。張巡急令部隊擒拿叛軍首領尹子奇，部隊一直衝到叛軍帥旗之下。

張巡從未見過尹子奇，根本不認識，現在他又混在叛軍之中，更加難以辨認。張巡心生一計，讓士兵用稭稈削尖作箭，射向叛軍。叛軍中不少人中箭，紛紛以為這下完了。待發現自己中的是稭稈箭，心中大喜，以為張巡軍中已沒有箭了。他們爭先恐後，向尹子奇報告這個好消息。張巡見狀，立刻辨認出叛軍首領尹子奇，急令神箭手、部將南霽雲向尹子奇放箭，正中尹子奇左眼。這回可是真箭。只見尹子奇鮮血淋漓，抱頭鼠竄，倉皇逃命。叛軍一片混亂，大敗而逃。

原文

摧其堅，奪其魁，以解其體。龍戰於野，其道窮也①。

注釋

①龍戰於野，其道窮也：語出《易經·坤卦》。坤，卦名。本卦是同卦相疊（坤下坤上），為純陰之卦。上六「象辭」：「龍戰於野，其道窮也。」是說強龍爭鬥在田野大地之上，即走入困頓的絕境。比喻戰鬥中擒賊擒王謀略的威力。

譯文

「摧其堅」，是指打擊敵軍主力；「奪其魁」，是指抓住或消滅首領、指揮部。這樣一來，就可以「解其體」，瓦解敵軍的整體力量。敵人一旦失去指揮，就好比龍出大海，到陸地上作戰，必將面臨絕境。

講解

「天時不如地利，地利不如人和。」一軍之中，統帥是靈魂，地位舉足輕重。擒得賊首，敵兵自敗。凡事都有許多層面，各層面的作用與重要性必有所不同。能抓住關鍵層面，其它層面也就迎刃而解。

具體實行時，可從三方面著手：第一，擒其首領。群龍無首，必亂作一團。第二，擊其要害。抓住關鍵，就可事半功倍。第三，提綱挈領。綱舉目張，理情頭緒，抓其主幹，方可掌握全局。

釋解妙計

古人按語：攻勝則利不勝取。取小遺大，卒之利，將之累，師之害，功之虧也。舍勝而不摧堅擒王，是縱虎歸山也。擒王之法，不可圖辨旌旗，而當察其陣中之盲動。昔張巡與尹子奇戰，直衝敵營，至子奇麾下，營中大亂，斬賊將五十餘人，殺士卒五千餘人。巡欲射子奇而不識，剡蒿為矢，中者喜謂巡矢盡，走白子奇，乃得其狀，使霽雲射之，中其左目，幾獲之。子奇乃收軍退還。（《新唐書》卷一九二《張巡傳》、《戰略考·唐》）

戰爭中，打敗敵人，利益取之不盡。如果滿足於小的勝利而錯過了獲取大勝的時機，那是士兵的勝利，將軍的累贅，主帥的禍害，戰功的損失。打了個小勝仗，而不去摧毀敵軍主力或指揮部，捉拿敵軍首領，那就好比放虎歸山，必定後患無窮。

古代戰事，兩軍對壘，白刃相交，敵軍主帥的位置比較容易判定。但也不能排除敵方失利兵敗，敵帥化裝隱蔽之可能。張巡技高一籌，用稭稈當箭，一下子讓叛軍主帥尹子奇暴露出來，然後命令射手將他射傷。

典故名篇

❖ 瓦剌人生擒明英宗

明英宗在位，太監王振恃寵專權，作威作福。朝中群臣多半仰其鼻息，天下人對之皆敢怒而不敢言。

這一年，北方瓦剌人大軍壓境。王振擅作主張，誘使明英宗禦駕親征。兵至居庸關，糧草缺乏，先頭部隊敗報頻至。有人建議英宗留駕。王振執意不允，還命令部隊急行軍。因兵無糧、馬無草，士兵與戰馬餓死無數，滿路死屍。明軍與瓦剌人一戰即潰，幾乎全軍覆沒。

在眾人堅決要求下，王振不得不同意班師回京。殘餘的明軍行至土木堡時，瓦剌人從四面八方擁至。王振趁機逃走，連皇帝都不顧了。英宗左右只有幾名親兵相隨，幾次突圍不得，最後束手就擒。

瓦剌人捉到英宗，如獲至寶，通知明朝送來一萬兩黃金贖回，錢到即可放人。明朝於是馬上派官員前往敵營，獻上一萬兩黃金。但英宗並沒有獲釋。後來才知瓦剌人已於前一天晚上挾英宗北走，白白騙得一萬兩黃金。

此後瓦剌人屢犯邊疆，都挾持英宗同行，使明軍將領投鼠忌器。有識之士鹹認，長此以往，對明朝極為不利。於是，明朝另立新君，尊英宗為太上皇。

這樣，瓦剌以英宗為人質的價值大大降低了，明朝對瓦剌的口氣越來越強硬。經過幾番波折，瓦剌人主動將英宗釋回。

瓦剌人深知擒賊擒王的重要性，因此捉到英宗之後，屢次要挾明朝。後來明朝更立新君，英宗不再是明朝皇帝，從而破了瓦剌人的陰謀鬼計。

❖ 滿足闊少的虛榮心理

精品大王潘迪生是香港巨富的第二代。富家闊少，容易被人看成是一擲千金，左擁右抱，純粹消費型的花花公子。但也有像潘迪生這樣的闊少，置身燈紅酒綠之中，卻是醉翁之意不在酒，只在乎銀行戶頭的進帳罷了！潘迪生利用偎紅倚翠的上流生活氛圍，把自己推向香港第二代億萬富翁之位。潘迪生的生意點子是：吃必精品，穿必名牌，用必高檔，玩必新潮。

在香港，一條用料不多的名牌領帶，可賣五百到七百元，一件名牌T恤衫，可以賣上千元。同樣質地的貨物，只要標上名牌，售價即使高出幾倍，仍然相當暢銷。名牌服裝、名牌鞋、名牌手錶，乃至名牌火機，用起來美觀、大方、舒適僅僅是事情的一方面，更重要的是能顯示一種身分、一種派頭，滿足一代「公子哥兒」和「公主姐兒」們的虛榮心理。潘迪生自己出身富豪，深諳「公子輩」鍾愛名牌貨的習性以及普通市民攀比享受名牌的風氣，於是以五百萬元起家，在香港、日本、新加坡等地開設六千多家精品店，建立起了一個龐大的精品王國，迅速積聚到數十億元的資金，獲得了老一輩難望其項背的巨額利潤。

❖ 婚禮上潛望鏡受寵

一九八一年，英國王子查爾斯和戴安娜預定在倫敦舉行耗資10億英鎊，轟動全世界的婚禮。消息傳開，倫敦城內和英國各地許多廠商幾乎同時瞄準了這一機會，絞盡腦汁，意欲藉此發一筆大財。

糖果工廠在包裝盒上印出王子和王妃的照片。一些紡織、印染行業都對產品的裝潢進行了重新設計，標上具有結婚紀念性的圖案。豪華的婚禮，給經營者帶來巨大的財運。其中，賺錢最多的是一家經營潛望鏡生意的商號。

盛典舉行之時，從白金漢宮到聖保羅教堂，沿途擠滿9層近百萬群眾。當站在後排的人正為無法看到前面的街道場景而焦慮萬分時，突然從背後傳來叫賣聲：「請用潛望鏡看盛典！一英鎊一個！」

長長的街道兩旁，在同一時刻，數百名兒童手裡拿著用馬糞紙配上玻璃鏡片製作的簡易潛望鏡跑過來。片刻間，一大批潛望鏡即被搶購一空。

在近百萬觀眾之中，有多方面的需要，如購買一枚漂亮的紀念章，吃上一塊蛋糕、霜淇淋，買上一盒印有王子王妃照片的糖果。但在那關鍵的一刻，如果看不清王子及其新婚嬌娘，卻是最大的憾事。這家商號的成功，正在於抓住了在場觀禮者的根本需求，渴望親眼目睹本世紀這場最豪華婚禮之場景的心理。

消費需求多種多樣，一般又分成主導需求和輔助需求。主導需求決定了消費者的購買行為。精明的經營者必善於對影響市場消費的諸種因素進行仔細分析。在諸多需求中，「擒賊擒王」，抓住主導需求，才能在競爭中獲勝。

上面提及的那家商號，正是在婚禮慶典中，「擒」住在場者眾多需求中的「王」：看清楚婚禮的場面，並且要越過層層人牆。潛望鏡的功能正符合了這點要求，所以這家商號在眾多經營者中脫穎而出，大發其財。

用計錦囊

軍事上，擒賊擒王，是通過捕殺敵人首領，摧毀敵方的指揮部，以迅速消滅敵人的一種計謀。兵家認為，賊王為賊眾的「主心骨」，僅僅擊潰了賊軍，算不了什麼勝利。若是讓賊王跑掉，無異於放虎歸山。而擒住了賊王，就會使賊眾陷於群龍無首，樹倒湖猴散的境地。

在現代商戰中，經營者無論是決策還是處理問題，都必須掌握重點。面對眾多競爭者，要善於找出主要對手，然後集中力量，將其「擒」獲。只要「擒」住了市場中這個「王」，其它問題就可迎刃而解了。

第四套

混戰計

第十九計◆ 釜底抽薪

計名探源

釜底抽薪，語出北齊魏收所寫的《為侯景檄梁朝文》：「抽薪止沸，翦草除根。」古人還說：「故以湯止沸，沸乃不止。誠知其本，則去火而已矣。」這個比喻很淺顯，道理卻說得十分清楚。水燒開了，再摻開水進去，不可能讓水溫降下來。根本的辦法是把火滅掉，水溫自然就降下來了。

此計用於軍事，是指面對強敵，不可靠正面作戰取勝，而應該避其鋒芒，削減敵人的氣勢，再乘機摧毀之。

「釜底抽薪」的關鍵是善於抓住主要矛盾。很多時候，一些影響戰爭全局的關鍵點恰恰是敵人的弱點。指揮員要準確判斷，抓住時機，攻敵之弱點。比如其糧草輜重，如能乘機奪得，敵軍就會不戰自亂。三國時的官渡之戰即是一個有名的戰例。

東漢末年，諸侯爭拼，河北袁紹乘勢崛起。公元一九九年，袁紹率領十萬大軍攻打許昌。當時，曹操據守官渡（今河南中牟），兵力只有三萬多人。兩軍隔河對峙。袁紹仗著人馬眾多，派兵攻打白馬。曹操表面上放棄白馬，命令主力開向延津渡口，擺開渡河架勢。袁紹怕後方受敵，迅速率主力西進，阻擋曹軍渡河。誰知曹操虛晃一槍之後，突派精銳回襲白馬，斬殺顏良，初戰告捷。

由於兩軍相持甚久，雙方糧草供給成了關鍵。袁紹從河北調集了一萬多車糧草，屯集在大本營以北四十里的烏巢。

曹操探得烏巢並無重兵防守，決定偷襲袁軍糧倉，斷其供應。他親自率領五千精兵，打著袁紹的旗號，銜枚疾走，夜襲烏巢。

烏巢袁軍還沒有弄清真相，曹軍已經包圍了糧倉，一把大火點燃，頓時濃煙四起。曹軍乘勢消滅了守糧袁軍，袁軍的一萬多車糧草頓時化為灰燼。

袁紹大軍聞訊，驚恐萬狀。供應斷絕，軍心浮動，袁紹一時沒了主意。曹操此時發動全線進攻。袁軍士兵已喪失戰鬥力，十萬大軍四散潰逃。袁軍大敗，袁紹帶領八百親兵，艱難地殺出重圍，回到河北，從此一蹶不振。

原文

不敵①其力②，而消其勢③，兌下乾上之象④。

注釋

①敵：動詞，攻打。

②力：最堅強的部位。

③勢：氣勢。

④兑下乾上之象：《易經》六十四卦中，《履卦》為「兑下乾上」，上卦為乾為天，下卦為兑為澤。又，兑為陰卦，為柔；乾為陽卦，為剛。兑在下，從循環關係和規律上說，下必衝上，於是出現「柔克剛」之象。此計正是運用此象理推衍之，喻運用此計，可勝強敵。

譯文

「不敵其力，而消其勢。」意思是：兩軍對壘，一方不直接衝撞敵人的鋒芒，而是另想辦法，以求得從根本上削弱敵軍氣勢，扼制其戰鬥力。這裡的「兌下乾上」，兌為底下，沼澤之意；乾為高上，上天之意。意思是低下反而能克上。這就如同對付老虎，一定要避開老虎的強項，迂迴到老虎的後方，騷擾老虎的屁股。這樣，不僅不會被老虎咬傷，反會消耗老虎的體力，減殺老虎的氣勢。

講解

「釜底抽薪」這一計係從「抽薪止沸，翦草除根」中演繹而來，用來比喻「處理一件事，治標不如治本」的意思。

在戰爭中，運用此計，指與敵互相對壘，劍拔弩張之時，避免正面攻擊，而從對方的背後下功夫，側面暗算，斷其後援，拆其後台，從而達到取勝的目的。

釋解妙計

古人按語：水沸者，力也，火之力也，陽中之陽也，銳不可當；薪者，火之魄也，即力之勢也，陰中之陰也，近而無害。故力不可當而勢猶可消。《尉繚子》曰：「氣實則鬥，氣奪則走。」而奪氣之法，則在攻心。

昔吳漢為大司馬，有寇夜攻漢營，軍中驚擾。漢堅臥不動。軍中聞漢不動，有頃乃定。乃選精兵反擊，大破之。此即不直當其力而撲消其勢也。

宋薛長儒為漢、湖、滑三州通判，駐漢州。州兵數百叛，開營門，謀殺知州、兵馬監押，燒營以為亂。有來告者，知州、監押皆不敢出。長儒挺身徒步，自壞垣入其營中，以福禍語亂卒曰：「汝輩皆有父母妻子，何故作此？叛者立於左，脅從者立於右！」於是，不與謀者數百人立於右；獨主謀者十三人突門而出，散於諸村野，尋捕獲。時謂非長儒，則一城塗炭矣！此即攻心奪氣之用也。

或曰：敵與敵對，搗強敵之虛以敗其將成之功也。

鍋裡的水沸騰，是靠火的力量。沸騰的水和猛烈的火勢，其勢不可擋，而產生火的原料薪柴卻可以接近。強大的敵人雖然一時阻擋不住，何不避其鋒芒，以削弱他的氣勢？《尉繚子》上說：「士氣旺盛，就投入戰鬥；士氣不旺，就應該避開敵人。」削弱敵人氣勢的最好方法是採取攻心戰。所謂「攻心」，就是運用強大的心理攻勢。

漢將吳漢面對大敵當前，沉著冷靜，穩定了將士，乘夜反擊，獲得了勝利。這就是不直接阻擋敵人，用計謀撲滅敵人之氣勢而取勝的例子。

宋朝的薛長儒在叛軍氣勢最盛之時，挺身而出，隻身進入叛軍營壘，採用攻心戰術。他用禍福的道理開導叛軍，要他們想想自己的前途和父母妻子的命運。叛軍中大部分人是被脅從者，自然被他這番話說動了。薛長儒趁勢喊道：「現在，凡主動叛亂者站在左邊，不明真相的脅從者站在右邊。」結果，參加叛亂的數百名士兵都往右邊站，只有為首的十三個人慌忙奪門而出，分散躲到鄉間，不久都被捉拿歸案。這就是用攻心的方法削弱敵人氣勢的一個極好的例子。

還有人說：敵人再強大，也會有弱點。我方突然攻擊敵人的薄弱之處，再擊敗敵人主力，這也是釜底抽薪法的具體運用。戰爭中也常使用襲擊敵人後方基地、倉庫，斷其運輸線等戰術，同樣可以收到釜底抽薪的效果。

典故名篇

❖施小技，小偷退齊軍

戰國時代，齊國出兵攻打楚國。楚國令尹子發率兵抵禦，三次交戰，三次皆敗，眼看就要豎白旗投降了。子發用了很多策略，齊軍始終未受影響，聲勢依然強大。

正在子發愁眉苦臉的時候，有一個小偷求見。小偷很正經地對子發說：「國家興亡，人人有責。我外號神偷，今晚去敵營一試，說不定能扭轉局勢。」子發因無計可施，只好同意他的請求。

小偷趁著夜色，偷偷潛入齊軍營地，把營帳偷了回來。子發派人把偷來的營帳送給齊軍統帥。第二天晚上，小偷偷回齊軍統帥的枕頭。子發又公開送了回去。第三天晚上，小偷偷回齊軍統帥的髮插。子發還是使人送了回去。

這時候，齊軍統帥已心驚膽戰，心想：這樣下去，我的腦袋豈不要被偷去了嗎？急忙下令班師回國。

兩軍對陣，一般要靠刀槍決勝負。但是，本例中的小偷卻施展高超的偷技，使齊軍統帥驚感自身難保。這種「以柔克剛」的辦法正是「釜底抽薪」計謀的應用。

❖ 商戰沒有眼淚

一九六一年，美國加利福尼亞州舊金山東部一片荒無人煙的原野上突然聳立起一架高入雲端的鐵塔。這是美國著名的企業家哈默的「西方石油公司」派出的鑽井隊進行勘探的鑽井高臺。

當鑽機鑽到八千六百呎的深度時，傳出了振奮人心的好消息：出氣了！這一舉，鑽出了加州第二大天然氣田。為了這次勘探，西方石油公司孤注一擲，投入了近二千萬美元的巨資。

哈默抑制不住內心的喜悅，急急忙忙趕到「太平洋煤氣與電力公司」。他心裡盤算著，準備與這家公司簽訂為期20年的天然氣出售合約。

沒想到，他碰了一鼻子灰，太平洋煤氣與電力公司三言兩語就把他打發走了。

他們說：「對不起！我們公司不需要你們公司的天然氣。因為我們最近已經耗費巨資，預備從加拿大的阿爾比到舊金山海灣區修建一條天然氣管道，大量的天然氣從加拿大通過管道，就可以源源輸來。」這不啻給哈默當頭潑了一盆冷水，他一時竟全然不知所措。

但哈默在商業戰場上滾打多年，已是辣味十足的老薑，他很快就冷靜下來。在很短的時間裡，他想出了一條「釜底抽薪」的妙計，用來制服太平洋煤氣與電力公司。

他悄悄趕到洛杉磯市。他知道，洛杉磯市是太平洋煤氣和電力公司的大買主，天然氣的直接承受單位。

他前往市議會，繪聲繪色地向議員們說，他的公司計劃從拉思羅普修建一條天然氣管道直達洛杉磯市，並將以比太平洋煤氣與電力公司和其他任何投標企業更為便宜的價格供應天然氣，以滿足洛杉磯市的需要。而且，他還會加快修建管道的工程速度，將比太平洋煤氣與電力公司和其他投標企業提供天然氣的時間更為縮短，洛杉磯市民可在近期內用到他所生產的價格便宜的天然氣。

洛杉磯市議會的多數議員一聽便動了心，很快動議，接受哈默西方石油公司的供氣提案，而放棄太平洋煤氣與電力公司的天然氣。

哈默這一招果真厲害。太平洋煤氣與電力公司得知消息，十分驚慌，馬上登門拜訪，表示願意接受哈默的天然氣。

這時，哈默端起了架子，擺出居高臨下的姿態，提出一系列有利於自己的條件。太平洋煤氣與電力公司不敢提出異議，只能乖乖地和哈默簽訂了合約。

❖ 使物「稀」，以求「貴」

每一位時裝設計師都明白一個道理：自己設計的精美服裝，一般地說，在一個國家都不宜超過10件，而且不能在同一個城市出售。

這是基於什麼原因？其實，答案很簡單——物以稀為貴嘛！每件時裝差不多是10件、甚至20件普通衣服那麼貴的價錢，穿在身上，才能使身分、地位充分顯露出來。要是滿街上的人都穿上相同式樣的衣服，那就會覺得這種服裝太普通，其價值必然大跌。所以，許多人覺得高檔時裝貴，承受不了；一旦知道了這一道理，就不會這樣想了。每件時裝的價值在於設計師的精心設計。使用其智慧的結晶，就需要付出高昂的代價。

文物、古玩的價格高昂，它們的消費對象不是普通人，而是那些大亨或達官貴人。梵谷的畫價格驚人，一般人能問津嗎？不能。越少有的東西越貴，擁有它，可得到心理上的滿足。商人輩深諳此道，知悉時裝不能成批生產，目的就是突出一個「稀」字。

一次，一個美國畫商看中了印度人帶來的三幅畫。印度人說要賣二五〇美元。畫商嫌貴，不同意。因為當時一般畫的價格都在一百到一五。美元之間，他當然不願多出那麼多錢。印度人被惹火了，怒沖沖地跑出去，把其中一幅燒了。畫商見到這麼好的畫燒了，甚感心痛，問印度人，剩下的兩幅畫賣多少錢？印度人還是要二五〇美元。畫商又拒絕了。印度人又燒掉了其中一幅。畫商只好乞求道：「可千萬別燒那最後一幅！」又問印度人，願意賣多少。印度人還是要二五〇美元。畫商出口道：「一幅畫怎能與三幅畫同價？」印度人一聽，竟把這幅畫的賣價提高到五百美元，而且成交了。

事後，有人問這印度人，為什麼要燒掉那兩幅畫。印度人說：「物以稀為貴。再則，那美國人喜歡收買古董，珍藏字畫，只要他愛上這幅畫，豈肯輕意放掉，寧肯出高價，也要擁到懷中。所以我刻意燒掉了兩幅，留下一幅，即可賣出高價。」

在市場上，常看到商人利用「稀」字戰術。比如——「某商品不再進貨，抓緊購買，最後一次機會，失去可惜。」「某商品賣完為止，今後不再生產。」等等，像敲警鐘，以刺激購買慾，幾乎每次都可得逞。

用計錦囊

「釜底抽薪」這一計的主要內容是：面對強敵，不必與其正面交鋒，可想辦法消滅其賴以生存的條件，使其從根本上瓦解。

使用這一計時，關鍵要把握好兩點：首先，要善於發現敵人的「釜底之薪」。這是實行「釜底抽薪」的前提。切記：戰爭情況不同，「抽薪」的目標也必須有所不同。一般說，凡是影響敵人後勁的力量，就是「抽薪」的目標。第二，針對敵人「釜底之薪」的具體情況，選擇並運用「抽薪」的手段和方法。古代戰爭，糧草對軍隊的重要性最為突出，「軍無糧則亡。」所以，古代軍事家在戰爭中常把襲擊敵方糧草，截斷其糧道，作為釜底抽薪的目標。

在現代商戰中，那些致對手於死地，或是採取各種手段斷對手的生路，如資金、人才、業務、貨源、原料等，都屬於「釜底抽薪」的範疇。抓住主要矛盾，抓住決定勝負的根本因素，是運用「釜底抽薪」謀略的關鍵。

第二十計◆混水摸魚

計名探源

混水摸魚，原意是：在混濁的水中，魚暈頭轉向，乘機下手，即可將牠抓到。此計用於軍事，是指當敵人混亂無主時，乘機出擊，以奪取勝利的謀略。

唐朝開元年間，契丹叛亂，多次侵犯唐境。朝廷派張守珪為幽州節度使，平定契丹之亂。契丹大將可突干幾次攻打幽州，未能攻下。

可突干想探聽唐軍虛實，派使者到幽州，佯稱願意重新歸順朝廷，永不進犯。張守珪知道契丹勢力正旺，主動求和，必定有詐。他將計就計，客氣地接待了來使。

第二天，張守珪派王悔代表朝廷，到可突干營中宣撫，交代他一定要探明契丹內部的底細。王悔在契丹營中受到熱情接待，趁機仔細觀察契丹眾將的一舉一動。他發現，契丹眾將在對朝廷的態度上並不一致。他又從一個小兵口中探聽到分掌兵權的李過折一向與可突干有矛盾，兩人貌合神離，互不服氣。

於是，王悔特意去拜訪李過折，裝作不了解他和可突干之間的矛盾，當著他的面，假意大肆誇獎可突干的才幹。李過折聽罷，怒火中燒，說可突干主張反唐，使契丹陷於戰亂，人民十分怨恨。他還說，契丹這次求和，完全是假意，可突干已向突厥借兵，不日就要攻打幽州。王悔乘機勸李過折歸唐，說唐軍勢力強大，可突干必敗。他如脫離可突干，朝廷保證一定重用。李過折果然心動，允諾歸順。王悔任務完成，立即辭別契丹王，返回幽州。

第二天晚上，李過折率領本部人馬，突襲可突干的中軍大帳。可突干毫無防備，被李過折斬於營中，這一下，契丹軍營大亂。忠於可突干的大將涅禮召集人馬，與李過折展開激戰，殺了李過折。張守珪探得消息，立即親率人馬趕來接應李過折的部眾。唐軍火速衝入契丹軍營，正遇契丹軍內火併，混亂不堪。張守珪乘勢發動猛攻，生擒涅禮，大破契丹軍，終於平息了契丹之亂。

原文

乘其陰①亂，利其弱而無主。隨，以向晦入宴息②。

注釋

①陰：內部。意為乘敵人內部發生混亂。

②隨，以向晦入宴息：語出《易經．隨卦》。隨，卦名。為異卦

相疊（震下兌上）。本卦上卦為兑為澤，下卦為震為雷。言雷入澤中，大地寒凝，萬物蟄伏，故卦象名「隨」。隨，順從之意。《隨卦·象辭》說：「澤中有雷，隨。君子以向晦入宴息。」意為人要隨應天時，夜晚就當入室休息。此計運用此象理，是說打仗時要善於抓住敵方的可乘之隙，藉機行事，使敵混亂，我再亂中取利。

譯文

乘敵人內部發生混亂，利用其力量趨虛弱而乏主見之際，使他順從我。這就像隨著天時的變化，到了夜晚就要入房休息一樣自然。

講解

混水摸魚，原意是：在混濁的水中，魚暈頭轉向，即可乘機摸魚，得到意外的好處。在混濁的水中，魚兒辨不清方向；在複雜的戰爭中，弱小的一方經常動搖不定。這時就有可乘之機。更多的時候，這個可乘之機不能只靠等待，而應主動製造。一方主動去把水攪混，使情況複雜起來，即可藉機行事。

釋解妙計

古人按語：動盪之際，數力衝撞，弱者依違無主，散蔽而不察，我隨而取之。《六韜》曰：「三軍數驚，士卒不齊，相恐以敵強，相語以不利，耳目相屬，妖言不止，眾口相惑，不畏法令，不重其將。此弱徵也。」是魚，混戰之際，擇此而取之。如劉備之得荊州，取西川，皆此計也。

局面混亂不定時，多種力量互相衝突，那些弱小的力量這時都在考慮，到底要依靠哪一邊，散亂而不明。這時候，我方就要乘機攻取。古代兵書《六韜》中列舉了敵軍的衰弱徵狀：全軍多次受驚，軍心不穩，互相恐嚇說敵方強大，相互傳言說己方不利，交頭接耳，妖言不斷，謠言惑眾，不怕法令，不尊重將領……這時，可以說是水已渾了，就應該乘機撈魚，取得勝利。運用此計的關鍵，是指揮者一定要正確地分析形勢，發揮主觀能動性，千方百計地把水攪渾，將主動權牢牢掌握在自己手中。

典故名篇

❖ 俄土錫諾普海戰

錫諾普海戰，是世界戰爭史上著名的克里米亞戰爭中的一次重要戰役。

公元一八五三～五六年間，俄國與英、法、土耳其、撒丁王國之間爆發了長達兩年半的克里米亞戰爭，亦稱東方戰爭。戰爭的起因是沙皇俄國依仗它在一八四八年歐洲革命失敗後的國際憲兵地位，企圖利用奧斯曼帝國衰落之機，向巴爾幹半島擴張，奪取控制黑海出口的博斯普魯斯海峽、達達尼爾海峽和馬爾馬拉海，使黑海成為帝俄的內海。但英、法殖民主義者也想利用這個機會，加強對中東地區的侵略，擴大資本市場。受英、法慫恿的土耳其政府對沙皇俄國更是不甘示弱，企圖借英、法之助，同沙俄爭奪克里米亞半島和南高加索。

一八五三年10月，俄、土戰爭首先爆發。英、法和撒丁王國先後加入土耳其陣營。

戰爭初期，戰鬥在多瑙河流域、黑海沿岸和高加索同時進行。最大的戰役是發生在土耳其北部黑海沿岸的錫諾普海戰。這一場海上大戰，納希莫夫率領的俄國海軍摧毀了土耳其艦隊。

俄國海軍之所以能夠取得如此重大的勝利，很大程度上便是靠「混水摸魚」之策。一八五三年11月中旬，土耳其海軍因在黑海與俄國海軍的戰鬥中處境不利，被迫退回錫諾普灣暫避，等待英、法海軍救援。此時，俄軍艦隊司令納希莫夫將軍便利用土耳其艦隊待援的心理，使了個「混水摸魚」之計。

11月30日早上，錫諾普灣起了大霧。土耳其艦隊儘量泊近海岸，以防俄國海軍襲擊。中午時分，海風吹散濃霧，海上能見度提高。土耳其艦隊瞭望兵忽然發現掛著英國「米」字旗的6艘戰列艦、2艘巡洋艦張著滿帆，向錫諾普灣駛來。艦隊司令奧斯曼見是英國艦隊前來支援，不禁大喜，立即安排聯絡和迎接。

12點30分，當這8艘掛著「米」字旗的戰艦已經迫近土耳其艦隊時，卻見它們突然來了個大轉舵，將黑森森的炮口對準土耳其艦隊。剎那間，「米」字旗降落，俄國的「十」字旗升起，密集的炮彈如暴風驟雨般，射向土耳其艦隊。奧斯曼大驚失色，立即命令自己的艦隊還擊。但為時已晚，炮手一時不能到位，土耳其艦隊立即陷入被動挨打的境地。土耳其的16艘戰艦上只有五一〇門小口徑炮，而俄國艦隊卻有炮七二〇門，且其中部分口徑、射程均超過土軍。雖然土軍還有38門海岸炮參戰，然在濃煙滾滾中，有些炮彈打到了己方船艦。奧斯曼見大勢已去，為死裡逃生，遂下令突圍。不久，艦沉兵潰，他自己也當了俄軍的俘虜。

在此役中，俄軍採用變換旗幟的辦法，混水摸魚，打得主動而堅決，致使土耳其艦隊遭到慘敗。

❖ 從天而降的手錶

在日本鐘錶業，精工錶一向居於領導地位。緊追在後的星辰錶公司自然不服氣，無時不在絞盡腦汁，企圖取而代之。

經過無數次策劃、研討，星辰錶公司終於想出一個絕妙的主意。

公司配合新型防震錶，展開了兩個大型活動。

首先，星辰錶公司宣佈將在某年某月某時某分，將新錶用直升機載運到東京銀座上空一百公尺處，然後將錶拋下，保證新錶落地以後仍行走正常。消息一經發布，立即引發無數民眾的好奇心。是日，拋錶地點萬頭攢動。傳播媒體更是爭相報導——電視現場轉播，報紙大幅刊載，效果空前理想。

第一個活動如此成功，第二個活動於是緊接著展開。星辰錶宣佈，將於某年某月某日某時某分，將一百隻新錶分置於數個小籃中運到北海道，然後將之丟入海中隨波逐混流。其中五十隻預定半個月後在海參崴撈起，另外五十隻預定於3個月後在美國西海岸撈起。撈起後，一百隻新錶保證行走如常。

這兩場防震防水的空前演出，使得星辰錶立刻紅得發紫。星辰員工欣喜若狂，認為透過這兩場攻擊行動，必定能一舉打敗精工錶，「取而代之」的宿願眼看就要實現了。可是，他們高興得太早了。

精工錶公司目睹了對手這兩場精彩的演出，立即緊急總動員，擬妥了一招「混水摸魚」的巧計。

在所有售賣鐘錶的店舖，精工錶都擺設了一個大型的熱帶魚水箱，內置新型精工錶一隻，配合POP（海報宣傳），強調它的「防震防水」功能，並與店舖人員取得默契。當顧客感染「星辰熱」，到店裡欲購買新錶時，若未指名或記不清品牌，店舖人員即告訴顧客，魚箱中的新錶就是他們所要的防震防水錶。

這一妙計，使得精工錶力保江山，星辰錶的努力大打折扣。勝利的王冠最後還是戴在精工錶頭上。

用計錦囊

此計的解語聽起來好像同「趁火打劫」一計意思相近，但兩者也有區別。主要區別是：「趁火打劫」講的是在敵人內部已經發生混亂的情況下，怎麼去捕捉戰機，乘機取勝。而「混水摸魚」講的是在敵人內部並未發生混亂的情況下，首先要怎麼去挑起敵人內亂，創造有利的戰機，然後再捕捉戰機，乘機取勝。

「混水摸魚」的運用分為兩步：第一步，把水攪混；第二步，趁機撈魚。「混水摸魚」比「趁火打劫」具有更深的謀略性，實施過程中，要求指揮者發揮更大的主動性。

「混水摸魚」的計謀也可以用於現代的經營戰略中。眾多經營者都想從市場這個大魚池裡「捉魚」回去，但並非每個人都能如願以償。通常是那些獨具慧眼、手腕靈活的經營者漁利較多。他們常常趁著市場混亂，甚至故意製造混亂，然後憑著自己的能力和智慧，悄悄地把「魚」摸去。

第二十一計 ◆ 金蟬脫殼

計名探源

金蟬脫殼，本意是：寒蟬蛻變時，本體脫離皮殼飛走，只留下蟬蛻還掛在枝頭。此計用於軍事，是指藉由偽裝擺脫敵人，撤退或轉移，以實現擬定的戰略目標。施計時，先穩住敵方，然後撤退或轉移，決不可驚慌失措。達到戰略目標後，即可運用巧妙分兵轉移的機會，出擊他部敵人。

三國時期，諸葛亮六出祁山，北伐中原，但一直未能成功，終於在第六次北伐時積勞成疾，病死於五丈原。

為了避免蜀軍在退回漢中的路上遭到損失，諸葛亮臨終前向姜維密授退兵之計。姜維遵照諸葛亮的吩咐，在諸葛亮死後，祕不發喪，對外嚴密封鎖消息。他帶著靈柩，率部撤退。司馬懿偵知，立刻派部隊跟蹤追擊。姜維命工匠仿照諸葛亮的模樣，雕了一個木人，羽扇綸巾，穩坐車中。又派楊儀率領部分人馬大張旗鼓，向魏軍發動進攻。魏軍遠望蜀軍軍容整齊，旗鼓大張，又見諸葛亮穩坐車中，指揮若定，不知蜀軍耍什麼花招，不敢輕舉妄動。

司馬懿一向知道諸葛亮「詭計多端」，又懷疑此次退兵乃是誘敵之計，於是命令部隊後撤，觀察蜀軍動向。姜維趁司馬懿退兵的大好時機，馬上指揮主力部隊，迅速安全轉移，撤回漢中。待司馬懿得知諸葛亮已死，再進兵追擊，為時已晚。

原文

存其形，完其勢①；友不疑，敵不動。巽而止蠱②。

注釋

①存其形，完其勢：保存陣地上已有的戰鬥形貌，進一步完備繼續戰鬥的各種態勢。

②巽而止蠱：語出《易經・蠱卦》。蠱（音谷），卦名。本卦為異卦相疊（巽下艮上）。上卦為艮為山為剛，為陽卦；下卦為巽為風為柔，為陰卦。故「蠱」的卦象是「剛上柔下」，意即高山沉靜，風行於山下，事可順當。又，艮在上卦，為靜；巽為下卦，為謙遜。故說「謙虛沉靜」、「弘大通泰」，是天下大治之象。此計引本卦《彖》辭：「巽而止，蠱。」其意是：我軍暗中謹棋地實行主力轉移，穩住敵人，再乘敵驚疑之際，脫離險境，安然躲過戰亂之危。所以，這是順事。

譯文

保存陣地的原形，不改變作戰態勢，使得友軍不疑，敵人也不敢貿然行動。這裡的「巽而止蠱」是引自《易經・蠱卦》。意思是：乘敵人迷惑不解的時候，祕密而迅速地轉移主力。

講解

「金蟬脫殼」是一種比喻，本意是指寒蟬蛻變，脫離皮殼飛離，只留下一個空殼在枝頭。施諸謀略，是指面對危急存亡的關頭，用偽裝、掩蔽或欺騙的手段瞞住敵方，以求暗裡逃遁。

實際上，「金蟬脫殼」類同於第三十六計「走為上計」。施用此計，往往是在形勢處於極端不利的情況下，拼不得，退不成，不得不施謀用計，脫出重圍，以求東山再起。所以，它是一種權宜之計。

釋解妙計

古人按語：共友擊敵，坐觀其勢。尚另有一敵，則須去而存勢。則金蟬脫殼者，非徒走也，蓋為分身之法也。故大軍轉動，而旌旗金鼓，儼然原陣，使敵不敢動，友不生疑。待已摧他敵而返，而友敵始知，或猶且不知。然則金蟬脫殼者，在對敵之際，而抽精銳以襲別陣也。如：諸葛亮卒於軍，司馬懿追焉。姜維令儀反擊鳴鼓，若向懿者。懿退，於是儀結營而去。（《三國志》卷三五《諸葛亮傳》裴注）檀道濟被圍，乃命軍士悉甲，身白服乘輿徐出外圍。魏懼有伏，不敢逼，乃歸。（《南史》卷十五《檀道濟傳》、《廣名將傳》卷七）

認真分析形勢，準確地做出判斷，擺脫敵人，轉移部隊，決不是消極逃跑，一走了事，而應該是一種分身術，要巧妙地暗中調走精銳部隊，去襲擊別處的敵人。這種調動要神不知、鬼不覺，極其隱蔽，一定要把假象造得逼真。轉移時，依然要旗幟招展，戰鼓隆隆，好像仍然保持原來的陣勢，以使敵軍不敢動，友軍不懷疑。

檀道濟在被敵人圍困時，竟然能帶著全副武裝的士兵，自己穿著顯眼的白色服裝，坐在車上，不慌不忙地向外圍進發。敵軍見此，以為他設有伏兵，不敢逼近，遂讓他安然脫困。檀道濟此計，險中有奇，使敵人被假象迷惑，做出了錯誤的判斷。

典故名篇

❖ 姜維聰明反被聰明誤

三國時，姜維帶兵攻打魏國。魏國大將鄧艾奉命迎敵。

姜維看到魏軍安營紮寨，嚴陣以待，便對副將說：「魏軍既然早有準備，直攻不宜，偷襲可勝。我撥給你一路人馬，打著我的旗號，在谷口安下大寨，每天派百人放哨，每放哨一次，更換一回服裝和旗幟。我則暗中帶大軍偷襲南安。」

鄧艾不見蜀軍出戰，便憑高遠望。偵察後，他入帳對陳泰說：「據我觀察，姜維不在敵營中，一定是偷襲南安去了。」

陳泰問道：「何以見得？」

鄧艾回答：「你看每天蜀營中的哨馬只是那幾匹，往來的哨探只是那幾人，只不過更換了衣旗罷了。你帶一隊人馬去攻蜀營，肯定能獲勝。然後你再領兵去董亭，先切斷姜維的後路。我帶兵去救南安，直取武城山。我們先佔了此山，姜維必然去取上邦。上邦有一谷，叫段谷，地狹山隘，正好埋伏。姜維來奪武城山，我軍先埋伏於段谷中，一定能破其軍。」

不說陳泰去攻蜀營，單提鄧艾帶兵急行軍趕到武城山，安營紮寨。此時蜀軍還未到。鄧艾命鄧忠領兵先去段穀埋伏。隨後，魏軍偃旗息鼓，等待蜀軍。

姜維果然帶領蜀軍大隊人馬來到武城山。鄧艾伏兵突然出現，重創蜀軍，蜀軍死傷無數。姜維下令收兵，轉取上邦。途經段谷，正中鄧忠埋伏。前有鄧忠伏兵，後有鄧艾追兵，姜維處於絕境。

值此危急關頭，蕩寇將軍張嶷估計姜維受困，率兵殺入重圍，救了姜維。姜維的金蟬脫殼之計本來很好，無奈被鄧艾識破，險些丟了性命。

❖ 盛田昭夫解危救險

一九五六年2月，日本SONY公司副總裁盛田昭夫又踏上美利堅土地。這是他第一百次橫跨太平洋，尋找產品的銷路。

身材矮小的盛田昭夫帶著小型的晶體管收音機，頂著凜冽的寒風，穿街走巷，登門拜訪那些可能與新力公司合作的零售商。

然而，那些零售商見到這小小的收音機，既感到十分有趣，又迷惘不解。他們質疑道：「你們為什麼要生產這種小玩意兒？我們美國人的住房特點是房子大、房間多，需要的是造型美、音響好，可以做房間擺設的大型收音機。這小玩意兒恐怕不好銷呀！」

盛田並不因此而氣餒，他堅信這種耗費了無數心血而研製成的小型晶體管收音機一定可以讓美國人接受。

事情總是這樣，多餘的解釋往往不如在試用中發現它的好處有價值。小巧玲瓏，攜帶方便，選台自由，不打擾別人，正是小型晶體管收音機的優點。果然，這種「小寶貝」很快受到美國人的喜愛，銷路迅速打開。

有一家叫寶路華的公司表示樂意經銷，一下子就訂了10萬台。但這家公司附了一個條件，就是把SONY更換為寶路華牌子。盛田昭夫拒絕了這樁大生意。他斷然表示，決不能因有大錢可賺而埋沒SONY的牌子。

不久，盛田又遇上一位經銷商。這個擁有151個連瑣店的買主說，他非常喜歡這種晶體管收音機。他要盛田給他一份數量從5千、1

萬、3萬、5萬到10萬台收音機的報價單。

這是一樁多麼誘人的買賣啊！盛田不由得心花怒放。但他考慮了一下後告訴對方，請允許給一天時間考慮。

回到旅館之後，他冷靜下來，開始感到事情並非那麼簡單。

夜深了，盛田仍在苦思良策。他反覆設想著若接受這筆訂貨，必須增加大量投資，所可能產生的後果，測算著價格和訂貨量之間的關係。他要在天亮之前想出一個既不失去這樁生意，又避免使公司冒險的兩全其美之計。

他在紙上不停地計算著，比劃著。忽然，他隨手畫出一條「U」字形曲線。望著這條曲線，他的腦海裡如閃電般浮現靈感……

如果以5千台的訂貨量做起點，那麼1萬台將在曲線最低點，此時價格隨著曲線的下滑而降低；過最低點，也就是超過1萬台，價格將順著曲線的上升而回升。5萬台的單價超過5千台的單價。10萬台就更不用說了，差價顯然更大。

按照這個規律，他飛快擬出了一份報價單。

第二天，盛田昭夫早早來到那家經銷公司，將報價單交給了經銷商，笑著說：「我們公司有點與眾不同。我們的價格先是隨訂數而降低，然後再隨訂數而上漲。就是說，給你們的優惠折扣，1萬台內折扣越大；超過1萬台，折扣將隨著數量的增加而越來越少。」

經銷商看著手中的報價單，聽著盛田怪異的言論，眨巴著眼睛。他感到莫名其妙，以為這日本人在玩弄他。他竭力控制自己的情緒，回道：「盛田先生，我做了快30年的經銷商，從未見過像你這樣的人。我買的數量越大，價格越高，這太不合情理了！」

盛田耐心地向經銷商解釋他訂出這份報價單的理由。經銷商聽著、聽著，終於明白了。他會心地笑了笑，很快和盛田簽署了一份一萬台小型晶體管收音機的訂購合約。這個數字對雙方來說，無疑都是最合適的。

就這樣，盛田昭夫用一條妙計，就使新力公司擺脫了一場危險的賭博。

用計錦囊

可以這樣認為：「金蟬脫殼」是一種穩住敵人，脫離險境的計謀。這裡的「脫」，不是驚慌失措，消極逃跑，而是存其形式，抽去內容，穩住敵方，從而脫出困境。

中國古代軍事家運用「金蟬脫殼」之計的戰例很多。諸葛亮病亡軍中，姜維指揮蜀軍安然撤回漢中便是一例。

在現代商戰中，「金蟬脫殼」之計的運用，大多是經營者為擺脫劣境、險境，施詐術以迷惑對手，掩蓋自己的真實意圖。

第二十二計 關門捉賊

計名探源

關門捉賊，是指面對弱小的敵軍，要採取四面包圍，聚而殲之的謀略。讓敵人脫逃，怕他重整。窮追不捨，一怕他拼命反撲，二怕中其誘兵之計。

這裡所說的「賊」，是指那些善於偷襲的小部隊。它的特點是行動詭祕，出沒不定，行蹤難測。其數量不多，破壞性卻很大，常會乘人不備侵擾。所以，對這種「賊」，不可讓其逃跑，而要斷他的後路，聚而殲之。當然，此計運用得好，決不只限於「小賊」，甚至可以圍殲敵人的主力部隊。

戰國後期，秦國攻打趙國。秦軍在長平（今山西高平北）受阻。長平守將是趙國名將廉頗。他見秦軍勢力強大，不能硬拼，便命令部隊堅壁固守，不與秦軍交戰。兩軍相持四個多月，秦軍仍拿不下長平。秦王採納了范雎的建議，用離間計挑動趙王懷疑廉頗。趙王中計，調回廉頗，派趙括為將，到長平與秦軍作戰。

趙括到了長平，完全改變了廉頗堅守不戰的策略，力主與秦軍正面對決。秦將白起故意讓趙括嘗到一點甜頭，使其軍隊取得了幾次小勝利。趙括果然得意忘形，派人到秦營下戰書。此舉正中白起下懷。他分兵幾路，形成對趙軍的包圍圈。

第二天，趙括親率四十萬大軍，與秦兵進行決戰。秦軍與趙軍幾次交戰，都打輸了。趙括志得意滿，卻不知敵人用的是誘敵之計。他率領大軍追趕佯敗的秦軍，一直追到秦營。秦軍堅守不出。趙括一連數日攻克不下，只得退兵。

這時，他突然得到消息：自己的後營已被秦軍攻佔，糧道也被秦軍截斷。秦軍已把趙軍團團包圍起來。一連四十六天，趙軍糧絕，士兵殺人相食，趙括只得拼命突圍。白起已嚴密部署，多次擊退企圖突圍的趙軍。最後，趙括中箭身亡，趙軍大亂。結果，四十萬趙軍盡遭秦軍殺戮。

這個趙括，只會「紙上談兵」，在真正的戰場上，一下子就中了敵軍「關門捉賊」之計，損失了四十萬大軍，使趙國從此一蹶不振。

原文

小敵困之①。剝，不利有攸往②。

注釋

①小敵困之：對弱小或數量較少的敵人，要設法圍困（或說殲滅）他。

②剝，不利有攸往：語出《易經·剝卦》。剝，卦名。本卦異卦相疊（坤下艮上），上卦為艮為山，下卦為坤為地。意即廣闊無邊的大地在 沒山，故卦名曰「剝」。剝，落的意思。卦辭：「剝，不利有攸往。」意為：剝卦說，有所往則不利。此計引此卦辭，是說對小股敵人要即時圍困，消滅，而不是去急追或遠襲。

譯文

解語裡的「小敵困之」，意思是說：對弱小的敵人，要包圍起來殲滅。「剝，不利有攸往。」引自《易經·剝卦》，意指：零散的小股敵人雖然勢單力薄，但出沒無常，詭詐難防，因而不利於急追遠趕，而應該斷其退路，聚而殲滅。

講解

關門捉賊，是指面對弱小的敵軍，要採取四面包圍，聚而殲之的謀略。讓敵脫逃，怕他重整。窮追不捨，一怕它拼命反抗，二怕中其誘敵之計。

這裡所說的「賊」，是指那些善於偷襲的小部隊，它的特點是行動詭祕，出沒不定，行蹤難測。它的數量不多，破壞性很大，常會乘人不備侵擾。所以，對這種「賊」，不可讓其逃跑，而要斷他的後路，聚而殲之。當然，此計運用得好，決不只限於「小賊」，甚至可以圍殲敵主力部隊。

釋解妙計

古人按語：捉賊而必關門，非恐其逸也，恐其逸而為他人所得也。且逸者不可復追，恐其誘也。賊者，奇兵也，遊兵也，所以勞我者也。吳子曰：「今使一死賊，伏於曠野，千人追之，莫不梟視狼顧。何者？恐其暴起而害己也。是以一人投命，足懼千夫。」追賊者，賊有脫逃之機，勢必死鬥。若斷其去路，則成擒矣。故小敵必困之；不能，則放之可也。

關門捉賊，不僅僅是害怕敵人逃走，更怕他逃走之後被他人所利用。如果關門不緊，讓敵人逃脫，千萬不可輕易追趕，以防止中其誘兵之計。這個賊，指的是那些出沒無常，擅長偷襲的游擊隊伍。他們的企圖，是使我軍疲勞，以便實現他們的目的。

兵書《吳子》中特別強調：不可輕易追逐逃敵。書中打了個比方：一個亡命之徒隱藏在曠野，你派一千個人去捉他，還是十分困難。為什麼？主要是怕對方發動突襲而損害自己。所以說，一個人只要玩命不怕死，就會讓一千個人害怕。根據這個道理推測，敵軍如能脫逃，勢必拼命戰鬥。截斷他的去路，就易於殲滅了。所以，對弱敵必須圍而殲之；如果不能圍殲，暫時放他逃走也未嘗不可，千萬不可輕易追擊。

如果指揮者能統觀全局，因勢用計，因情變道，捉到的也可能不僅僅是小賊，而是敵軍的主力部隊。

典故名篇

❖ 朱可夫強關「大門」

一九四三年，蘇聯的史達林發布命令：殲滅科爾松地區的德軍。

盤據在科爾松地區的德軍達12個師。這股德軍的北、東、南三面已被蘇軍包圍，但西面仍與數十萬駐烏克蘭的德軍主力相連接。

善於打硬仗的蘇軍元帥朱可夫奉命指揮這場戰役。為了打好這一仗，朱可夫與他的下屬將領進行了反覆研究，最後決定採取「關門捉賊」的戰略。具體部署是：由烏克蘭兩個方面軍從南北兩個方向對科爾松德軍背後的茲維尼龍馬德卡實施正面進攻，卡住其與西面駐烏克蘭主力部隊的聯繫，關緊該地區德軍西逃的大門，然後進行圍殲。

可是，要關緊這道「大門」談何容易。這道「大門」寬達130餘公里，德軍在「門」口建築了堅固的防禦工事，並設重兵把守。「門」內有德軍十幾個師的精銳部隊，「門」外還有戰鬥力很強的德軍主力。

儘管困難很大，朱可夫絲毫沒有動搖實施這個計畫的決心。

一九四四年4月24日，蘇軍首先發動佯攻。德軍以為蘇軍主力會進行進攻，急忙將科爾松地區的大批部隊調來防守。朱可夫偵知，急令蘇軍快速突擊部隊立即趕往茲維尼龍馬德卡，但遭到德軍的頑強抵抗。德軍調兵遣將，企圖斬斷這隻「關門」的巨臂。

朱可夫臨危不懼，抓住德軍防守上的漏洞，命令坦克第六集團軍從敵人後路機動，迅速迂迴到茲維尼龍馬德卡，會同該地的蘇軍快速突擊部隊切斷了科爾松地區德軍與其主力的聯繫。緊接著，蘇軍主力迅速沿著突破口分割德軍，並開始向合圍中心壓縮。

德軍統帥部為挽救陷入重圍的十餘萬部隊，緊急調來十幾個師的兵力解圍，被圍的德軍也企圖從裡面衝開「大門」，與解圍的援兵會合。這時，朱可夫又迅速將坦克第二集團軍調來實施反突圍。雙方一連激戰了一個星期，蘇軍終於把解圍的德軍擋在被圍德軍的12公里之外，將「大門」牢牢地關死。

朱可夫「關門捉賊」之計的成功，保證了蘇軍在2月17日按期發動總攻，將被圍的德軍悉數殲滅。

❖ 女神創造的奇蹟

美國汽車公司一向是美國汽車製造業的驕子，與福特、通用等大公司相對峙。然而，當歷史的腳步剛剛邁入20世紀60年代，美國汽車公司便連遭重創。在競爭對手的圍追堵截，前後夾擊之下，公司的銷量銳減，庫存嚴重，營業額直線下降。

一片陰霾籠罩著美國汽車公司的上空。

這天上午，公司的會議室裡坐滿神情憂鬱的股東。大家一言不發，焦急地等待一位據說能挽回敗勢的神祕人物。不久，會議主席引進一位看上去30多歲，神態優雅、輕鬆，滿臉自信的女士。

主席介紹道：「我們討論如何奪回市場，應該聽聽廣告界權威人士的意見。讓我們歡迎瑪莉·維爾絲女士！」

掌聲零落。一對對冰冷的眼睛，一張張鐵板似的面孔，顯露出明顯的懷疑和輕視。面對如此冷峻而難堪的場面，瑪莉鎮定自如。她莞爾一笑，飽含深情地說：「我非常理解各位的心情，也深切了解我的力量遠不足以為各位分憂。事實上，活力存在於各位自己身上，根本無需外人分擔。」

短短幾句話，像一股春風，驅走了會場上的寒雲冷霧，溫暖了身處逆境的眾股東之心，這些企業界強人的目光開始變得柔和起來。

機智過人的瑪莉一下子抓住了與會者的心，她接著說：「雖然貴公司的命運掌握在各位自己手中，但別人的一點微不足道的小意見，也很有可能啟發各位的靈感，去找出挽回頹勢的良方。」

這些話令高傲的股東們聽起來特別舒服。

「坦白說，貴公司的汽車在設計、造型、性能上都敵不過福特車，但有一點並不輸給他們，那就是對顧客的愛心。比如貴公司新出的旅行車後廂裝有地毯，就頗討喜。」

瑪莉·維爾絲不愧是駕馭人心的高超藝術家。此時，股東們急於弄清的正是：既然自己有力量改變，那麼，這種力量在哪裡？瑪莉真誠坦率地指出了公司的弱點與優勢，使他們對自己公司的現狀有了清醒的認識。

瑪莉乘機擴大戰果：「各位千萬不可深藏不露，要想法把自己的優點強調出來，讓顧客真切地體會到你們的愛心。」

話音剛落，會議室裡響起了一陣熱烈的掌聲。瑪莉以出色的口才和優雅的風度征服了在座的所有股東。

此後，瑪莉廣告公司為美國汽車公司設計了一系列出色的廣告，加上後者各方的努力，生產的汽車，銷路穩步增長，終於擺脫了困境。

瑪莉·維爾絲的名聲由此大振，人們稱她是最能替「上帝」著想的女人。早年在卡內基工學院讀書的時候，瑪莉選擇了工業設計專業。畢業後，她應聘到梅西百貨公司做廣告工作。這位剛剛大學畢業的女學生很快遇到一個施展才華的機會。

梅西百貨公司的經理發現剛剛問世的超短裙很適合60年代女孩子愛表現自己、愛出風頭的心理，想就此做一筆生意。

可是，如何做廣告進行宣傳呢？他找到了剛來的瑪莉。

「我很欣賞超短裙，準備大量生產。你看，如何設計廣告，才能吸引人？」

「這種廣告設計，看似容易，實際很難。」瑪莉想了一下回道。

「為什麼？」經理有些不解地問道。

「因為讓那些長腿妹妹穿上這種裙子，那種英姿勃發的神韻、青春洋溢的氣息，不是任何廣告所能表達的。」

「照你的意思，是要用模特兒做時裝表演？」經理好奇地問。

「當然，這樣做最理想。但這種方式也有缺點。」

「什麼缺點？」

「無法同時展開。要在全國銷售那得僱多少模特兒？」

「依你看，怎麼辦？」經理不由得著急了。

這時，瑪莉才和盤端出自己的辦法：「用對比法吧！」

看著經理疑惑的表情，她進一步解釋：「就是利用攝影技巧，讓一個模特兒穿兩種裙子，一種長裙，一種短裙，同時在一個鏡頭裡出現。」

經理恍然大悟：「對，對！除非是瞎子，任何人看了，都會對女孩子穿超短裙欣賞不已。」

廣告做出來了。看到這幅對比明顯的廣告之人，無不覺得長裙難看，超短裙美觀。那些年輕姑娘一下子被這幅廣告抓住了。梅西公司的超短裙就此風靡市場。

一九六六年4月，37歲的瑪莉與另外兩位女士合辦了一家廣告公司。她為這家公司擬訂了「施肥計畫」。

布蘭尼佛噴氣式客機公司就是這個計畫的首選目標。

一開始，瑪莉就碰了釘子。那位客機公司的經理不相信廣告的效用，對她很冷淡。

經過一番唇槍舌戰，那經理終於同意試試看。

一連三天，瑪莉把自己關在辦公室裡，潛心研究。她為這幅廣告定下的原則是：圖案要醒目動人、簡潔有力既切合飛機這一主題又要給人一種懾人的氣勢。

一張張草圖畫出來，都被她推翻了；同事的建議也沒一個合她的心意。幾天的苦戰，使她心煩意亂。她決定驅車出去散散心。

雨後的傍晚，空氣清新，一道彩虹橫貫長空。瑪莉突然來了靈感，一幅動人的圖案出現在眼前：一道長虹由布蘭尼佛公司的標誌噴發出來。相形之下，其他航空公司只有金色或銀色一種色彩，顯得單調、暗淡、無力。

當這幅不同尋常的廣告作品呈現在經理面前時，他不禁激動地說：「真棒！構思透出的氣勢必可使我們公司佔據上風。更重要的是，它激發了我的雄心，激發了全體職工的進取心。你所設計的那道彩虹，可說是決定公司之命運的活力源。」

這幅不同凡響的作品不僅驚動了飛機公司的全體員工，而且震動了整個廣告業。一時間，嘲笑、諷刺、謾罵的聲音匯成一片，說瑪莉不該把廣告當成詩作。

直覺告訴瑪莉，必須巧妙地利用這種攻擊，為自己的廣告擴大宣傳。於是她在報刊上激烈地反擊了對她的指責。

爭論吸引了大眾的好奇心，瑪莉的廣告很快家喻戶曉。愛美是人的天性，許多人為廣告中圖案的壯美所折服。隨之而來，布蘭尼佛航空公司的生意大振。

瑪莉不僅由此獲得巨大的成功，而且得到一個意想不到的個人收穫。她與布蘭尼佛航空公司經理從相識到相知，到相互傾慕，終結為秦晉之好。

❖ 至高無上的服務理念

隨著社會的發展，人們需求的增加，一系列整套服務越來越受顧客歡迎。例如生日服務。即使在一個較小的城市，甚至只是一個居住區，幾乎每天都會有人過生日。過生日難免比平日更為奢侈些，室內裝飾著親朋好友所送的生日禮物，還有其它用於生日祝福所需花銷的費用也頗為可觀。

精明的商人就抓住這個大市場，有人開設生日餐廳、生日商店等，為慶祝生日的人提供全套一流的服務：開設生日宴會、生日派對、生日照相錄影服務，出售生日禮物、卡片和生日精製蛋糕（可塗上顧客所指定的賀詞）等等。

人一旦過生日，只要去逛生日商店，一般的生日禮品都配備齊全。生日餐廳、生日商店別出心裁地裝修門面，加上精美的室內設計和奇特商品，即使是不過生日的顧客，也會被吸引進去。

同生日服務一樣，新婚服務也極富魅力。美國有一家公司就專門為新婚夫妻提供無微不至的服務。

比如，婚前，公司及時製作並送上精美華麗的結婚禮服，製作並發送全部的婚宴請柬，且主辦婚宴；結婚時，公司送給新婚夫妻一組很有紀念意義的禮物——印著他們結婚照的兩個餐盤和一副刀叉；度蜜月時，公司根據顧客開列的清單，把所有的生活必需品送到新房；甚至到新婚妻子懷孕後，公司立即派人送上有關懷孕知識的小冊子以及其它必要的物品，以此做有關商品的推銷，等等。

周到、上乘，免除了顧客新婚前後許多麻煩瑣碎事務的煩擾，可一心一意共賞愛河風光。這家公司生意十分興旺，因為它精於「關門捉賊」的巧妙運用。

用計錦囊

此計之計名，「關門」是指將敵四面包圍，或是不給敵留出逃路；「捉賊」是指將敵就地殲滅。這與前邊所講的第十六計「欲擒故縱」正好相反。一個是虛留生路，移地殲敵；一個是不留後路，就地殲滅。

所以說，施計用謀，要因情因敵而異，不能機械地套用。

在商戰中，為了使此計取得完全必勝的把握，切不可喪失機遇；在把握機遇時，又必須防止「關門不成，誤遭賊傷」。如企業捕捉到優勢取勝的資訊，要周密地考慮到企業自身的實力，務必使「賊」入了籠子，就徹底降服。

第二十三計 ◆ 遠交近攻

計名探源

遠交近攻，語出《戰國策・秦策》。范雎曰：「王不如遠交而近攻。得寸，則王之寸；得尺，亦王之尺也。」這是范雎說服秦王的一句名言。遠交近攻，是分化瓦解敵方聯盟，各個擊破，結交遠離自己的國家而先攻打鄰近之國的戰略性謀略。

當實現軍事目標的企圖受到地理條件的限制，難以達到時，應先攻取就近的敵人，而不能越過近敵，去打遠離自己的敵人。為了防止敵方結盟，要千方百計地分化敵人，各個擊破。消滅了近敵之後，「遠交」的國家便成為新的攻擊對象。「遠交」的目的，實際上是為了避免樹敵過多而採用的外交誘騙之法。

戰國末期，七雄爭霸。秦國經商鞅變法之後，勢力發展最快。秦昭王開始圖謀吞併六國，獨霸中原。

公元前二七〇年，秦昭王準備興兵伐齊。范雎適時向昭王獻上「遠交近攻」之策，勸阻秦國攻齊。他說，齊國勢力強大，離秦國又很遠，攻打齊國，部隊要經過韓、魏兩國。軍隊派少了，難以取勝；多派軍隊，打勝了也無法佔有齊國的土地。不如先攻打鄰國韓、魏，逐步推進。

為了防止齊國與韓、魏結盟，昭王派使者主動與齊國結盟。

四十餘年後，秦始皇持續「遠交近攻」之策，遠交齊、楚，首先攻下韓、魏；然後從兩翼進兵，攻破趙、燕，統一北方；再回頭攻破楚國，平定南方；最後把齊國也收拾了。秦始皇征戰十年，終於實現了統一中國的願望。

原文

形禁①勢格②，利從近取，害以遠隔③。上火下澤④。

注釋

①禁：禁止。

②格：阻礙。受到地勢的限制和阻礙。

③利從近取，害以遠隔：先攻取就近的敵人有利；越過近敵，去攻取遠隔之敵則有害。

④上火下澤：語出《易經·睽卦》。睽，卦名。本卦為異卦相疊（兑下離上）。上卦為離為火，下卦為兑為澤。上離下澤，是水火相剋之象，水火相剋則可相生，循環無窮。又「睽」，乖

違，即矛盾。本卦《象辭》：「上火下澤，睽。」意為上火下澤，兩相離違、矛盾。

譯文

實現軍事目標的企圖若受到地理條件的限制，則利於先攻取就近的敵人，而不利於越過近敵，去攻取遠隔的敵國。

解語中的「上火下澤」引自《易經・睽卦》，原意是說：火焰往上冒，池水往下淌，志趣不同，但可取得暫時的聯合。這裡的意思是：遠隔的敵人，雖然和我們相對立，但可以同他取得暫時的聯合，以利我攻取近敵後再攻破他。

此計運用「上火下澤」，相互離違的道理，說明採取「遠交近攻」的做法，使敵相互矛盾、離違，而我正好各個擊破。

講解

「遠交近攻」之計，即製造和利用矛盾，分化瓦解敵方聯盟，再予各個擊破的謀略。其關鍵是：當軍事目標受到地理條件限制時，利於先攻取就近的敵人，不利於越過近敵，去攻取遠處的對手。如果能夠同遠處的對手取得暫時的聯合，更利於各個擊破。

實行「遠交近攻」之計，有助於集中力量應付眼前的敵人，並且將其置於孤立無援的境地。

釋解妙計

古人按語：「混戰之局，縱橫捭闔之中，各自取利。遠不可攻，而可以利相結；近者交之，反使變生肘腋。范雎之謀（《戰國策・秦策》、《戰略考・戰國》）為地理之定則，真理甚明。」

遠交近攻，不只是軍事上的謀略，它實際上更多指總司令部、甚至國家最高領導者採取的政治戰略。對鄰國和遠方國家，大棒和橄欖枝相互配合，千方百計與遠方的國家結盟，對鄰國則揮舞大棒，把他消滅。如果和鄰國結交，恐怕變亂會在近處發生。其實，在古代，國家間的戰爭，所謂遠交，決不可能是長期和好。消滅近鄰之後，遠交之國便成了近鄰，新一輪的征伐也就不可避免。

典故名篇

❖ 西山軍聯鄭攻阮

一七七一年，越南平定省發生了阮文岳、阮文惠兄弟領導的農民起義，起義軍號稱西山軍。當時越南的掌控者，北方是鄭氏政權，南方是阮氏政權。經過一年的激戰，西山軍消滅了阮軍的主力。這時，北方的鄭氏政權想乘機撈一把，派黃五福帶兵南下，攻佔阮朝首都富順。後來，西山軍又與黃五福交上火，因寡不敵眾，退回歸仁。

西山軍為避免腹背受敵，決定利用鄭、阮之間的矛盾，拉一方，打一方。於是，西山軍主動與鄭軍講和。鄭軍此時因軍中流行瘟疫，戰鬥力削弱，所以也願意與西山軍修好。這樣，阮文惠成了鄭氏政權的「壯節將軍」，阮文岳成了「前鋒將軍」。實際上，他們並沒有投降和交出軍隊指揮權。西山軍與鄭軍和好以後，得到了休整恢復的機會，著手鞏固歸仁根據地。因北方無戰事，西山軍便全力以赴，打擊南方的阮氏政權。

一七七六～七八年，西山軍兩次討伐阮軍，均獲成功。其後，阮文岳自稱西山王，表示完全獨立，取消鄭氏所賜的各種封號。再後來，阮文岳稱帝，發兵攻打北方，一七八六年消滅了鄭氏政權。

面對鄭氏和阮氏兩個敵人，西山軍視鄭氏為「遠敵」，暫時結盟，視阮氏為「近敵」，興兵征討。消滅阮氏之後，再回過頭滅亡了鄭氏。試想，如果西山軍不採取上述「遠交近攻」的謀略，而是向鄭氏、阮氏同時用兵，歷史可能就得改寫。

❖ 出盡風頭的通用公司

位處美國汽車王國的底特律市有一家世界最大的汽車製造商——通用汽車公司，它與同處該市的福特汽車公司年紀不相上下，都是近百歲。這百年來，可以說，福特和通用各領風騷50年，前者在前50年雄居世界汽車界霸主地位，後者則在後50年出盡風頭。

俗話說：「富不過三代。」20世紀80年代以來，許多跡象表明，通用的地位開始動搖了，甚至岌岌可危。這種威脅來自太平洋上一個以精明和頑強著稱的島國——日本。

20世紀80年代似乎註定了通用汽車命運坎坷。80年代初，通用就發生了自60年代以來的首次年度虧損，虧損額高達7.6億美元。

對通用公司來說，這是一場地震，震源就來自日本。

近些年來，勵精圖治的日本人不斷發展其汽車製造技術，等到他們認為他們的汽車可以開出國門時，便大舉進攻美國本土，其氣勢似乎是在雪洗二次大戰中受原子彈摧殘之恥。五十鈴、馬自達、三菱、本田、豐田等汽車商紛紛開赴美國市場。其中最大、最具威力的日本戰車當屬豐田汽車公司。

一九八〇年，世界汽油價格高漲，節能、價廉、質優的日本小汽車大行其道。以大型車為經濟支柱的通用公司，汽車銷售量銳減。曾一度最暢銷的後輪驅動小型車——切夫特被日產的前輪驅動超小型車替代；廣為人知的X型車也遇到大批退貨……

面對來勢洶洶的日本人，通用公司並未束手挨打。早在70年代中期，它就著手實施了一項耗資達50億美元的V型車計畫，旨在與本田最熱門的Accord及同類進口車一較高低。一九八一年6月，這項計畫結出了果實，通用推出了V型車。孰料，市場反應冷淡，大量V型車積壓，通用公司背負了沉重的債務，5年的努力付諸東流。

與此同時，通用還在日夜不停地設計著一種新型車——S型車，也是用於對付日本人，預計一九八四年投產。可是，面對V型車的前車之鑑，X型車也面臨是捨是要，通用騎虎難下。

從此，通用不得不仰仗他身後的一位世界上最孔武有力的巨人——美國聯邦政府，在對日汽車貿易中做做手腳，維持日子。

羅傑·史密斯受命於危難之時。首先面對的是嚴重的財政赤字。接著，V型車投產失敗，公司雪上加霜，負債劇增至原來的4倍，流動資金不足原來的1/5。而此時的S型車也前途暗淡……公司的現狀和未來的發展都一籌莫展。

史密斯明白，他只有3年或最多4年的時間實施新的戰略。錯過這個時間，日本汽車將恢復對美國市場的大舉進攻，通用就再也沒有機會迎頭趕上了。

他一改前任的做法，停止生產本公司的汽車，轉過來與日本汽車商「結交」。一方面，他邊挨罵邊裁員。另一方面，他購買日本廠家鈴木的5%股份；作為交換，鈴木公司將在出口限制解除後，每年賣給通用公司8萬輛超小型車。通用將把這些車重新以「斯普林特」命名，通過「雪佛蘭」銷售系統賣出去。與此同時，通用擁有34%股份的日本汽車生產廠家五十鈴也同意每年向通用提供20萬輛汽車。其後，公司又與一家成本更低的出口商——南朝鮮的Daewoor車公司達成了類似的協議。

儘管有了這些合約和協議，卻仍滿足不了通用公司經銷系統的需求量。史密斯估計公司每年共需要百萬輛小型車和超小型車。由於進口的限制，通用不可能從日本人手裡獲得更多的汽車。於是他想到了「聯營」。此舉既滿足銷售系統的需要，又可填補公司小汽車生產線的空白。

一個最合適的選擇冒了出來，它就是日本最大的汽車公司豐田。

豐田因為美國限制日本汽車進口，因而打算在美國本土製造汽車。但他又不想冒太大的風險單獨幹，於是有了聯營的想法。一九八一年聖誕前夕，豐田派人拜訪羅傑·史密斯，提及以後兩家公司之間合作的可能性。

經過反反覆覆多次談判後，直到一九八二年末，聯營最終有了眉目。一九八三年初，通用與豐田宣佈兩家公司正式聯營，定名為NUMMI——新聯合汽車製造廠。

聯營給雙方都帶來了好處。通用公司加州弗萊蒙特的一家汽車工廠由此得以維繫，且不必花費大量財力、物力研究新車，就有了物美價廉的汽車生產，並且可以學到豐田汽車公司的許多技術。豐田則不但省下在美國設廠所需的4億美元，而且能夠與美國的零部件配給商和汽車工人打交道。這對它立足美國很有裨益。

一九八五年2月，新聯合汽車製造廠的產品雪佛蘭·諾瓦斯如期投產，每輛車的實際成本比福特或克萊斯勒生產的國內車便宜很多。

史密斯的這些「結交」手段是在美國人一片聲討中進行，結果已證明了他的成功和高明。在他上任的短短3年中，通用獲得了50億美元的盈利。

一九八五年7月，通用公司宣佈選定了位於田納西州納什谷以南30哩處，面積二千英畝的農場作廠址。因為這裡的地理位置和交通都很適合通用生產「土星」汽車。同時，公司開始為80年代末設計的一種中型汽車撥款70億美元，是有史以來代價最高的汽車生產項目。

儘管日本車節節勝利，通用公司在美國還是保證了超群的市場份額。通用公司不滿足於在市場上對日本人進行防守，便採取攻勢，開發新技術，以及靈活的戰術，決定了它能夠長期保持這一優勢地位。

羅傑・史密斯的確是——「重新設計了整家通用公司。」

用計錦囊

從解語中可以看出，「遠交近攻」是一個分化敵方，或是防止敵方建立聯盟，以達到「各個擊破」這一戰略目標的策略。它是一個政治性很強的軍事謀略。

在我國歷史上，這個謀略在戰國時期首先提出。《東周列國志》第九十七回記載了這段歷史。

此計的好處在於文武相濟，剛柔並施，雙管齊下，使對手顧此失彼，疲於應付。現代的企業不但走向世界，還面臨新的挑戰。對此，最佳的應對之道就是加強同世界接軌，深化改革，並戰勝自己及同行企業。企業同國際接軌之後，即可迅速發展起來。

第二十四計◆
假道伐虢

計名探源

假道伐虢：假道，是借路的意思。語出《左傳·僖公二年》：「晉荀息請以屈產之乘與垂棘之璧，假道於虞以滅虢。」

處在兩大國中間的小國受到敵方武力脅迫時，大國常以出兵援助的姿態，把力量滲透進去。當然，對處在夾縫中的小國，只用甜言蜜語，不可能取得其信任，援助國往往以「保護」或贈給「好處」為名，迅速進軍，控制局勢，使其喪失自主權；再乘機突襲，就可輕而易舉地取得勝利。

春秋時期，晉國想吞併鄰近的兩個小國虞和虢。這兩個國家之間關係不錯。晉如襲虞，虢會出兵救援；若攻虢，虞也會出兵相助。

晉國大臣荀息向晉獻公獻上一計：「想攻佔這兩個國家，必須離間他們，使他們互不支持。虞國的國君貪得無厭，我們正可以投其所好。」他建議獻公拿出心愛的兩件寶物，屈產良馬和垂棘之璧，送給虞公。獻公哪裡捨得！荀息說：「大王放心，只不過讓他暫時保管罷了！等滅了虢國，再滅虞國，一切不都又回到您的手中了嗎？」獻公依計而行。虞公得到良馬、美璧，高興得嘴都合不攏。

之後，晉國故意在晉、虢邊境製造事端，找到了伐虢的藉口就是借道，讓晉國伐虢。虞公得了晉國的好處，只得答應。虞國大臣宮子奇再三勸諫，說這件事辦不得。虞、虢兩國唇齒相依，虢國一亡，唇亡齒寒，晉國絕不會放過虞國。虞公卻說，交一個弱朋友，去得罪一個強有力的朋友，那才是傻瓜哩！

晉大軍借道虞國，攻打虢國，很快取得勝利。班師回國時，晉軍把劫奪的財產分了許多送給虞公。虞公更是大喜過望。晉軍大將里克這時裝病，聲稱不能帶兵回國，暫時把部隊駐紮在虞國京城附近。虞公毫不懷疑。幾天後，晉獻公親率大軍前來，虞公出城相迎。獻公約虞公前去打獵。不一會兒，只見京城中起火。虞公趕到城外時，京城已被晉軍裡應外合強佔了。就這樣，晉國又輕而易舉地滅了虞國。

原文

兩大之間，敵脅以從，我假①以勢。困，有言不信②。

注釋

①假：借。

②困，有言不信：語出《易經·困卦》。困，卦名。本卦為異卦

相疊（坎下兌上）。上卦為兌為澤，為陰；下卦為坎為水，為陽。卦象表明，本該處於下方的澤，現在懸於上方而向下滲透，以致澤無水而受困，水離澤流散無歸也自困，故卦名為「困」。困，困乏。卦辭：「困，有言不信。」意為：處在困乏之境地，難道不相信這些嗎？此計運用此卦理，是說處在兩個大國中間的小國面臨著受人脅迫的境地，我若說，要援救他，他在困頓中，會不相信嗎？

譯文

對於處在敵我兩個強國中間的弱國，敵方若逼迫它，我方立刻出兵援救，就可藉機把軍事力量滲透進去。解語中的「困，有言不信」，引自《易經·困卦》，這裡的意思是說：對於這種面臨困境的弱國，只有口頭許諾而沒有實際行動，不可能贏得它的信任。

講解

「假道伐虢」是以借路滲透，擴展軍事力量，從而不戰而勝的謀略。其關鍵在於：對處於敵我兩個大國中的小國，當敵人脅迫它屈服時，我方要立即出兵援救，藉機把軍事力量擴展出去。對處在窘迫狀況下的國家，光空談而不付諸行動，不可能被其信任。應抓住其僥倖圖存的心理，乘機滲透，以便控制局勢，將其吞併。

此計有三種含義：其一、借水行舟；其二、藉機滲透；其三、一箭雙鵰。

釋解妙計

古人按語：假地用兵之舉，非巧言可誑，必其勢不受一方之脅從，則將受雙方之夾擊。如此境況之際，敵必迫之以威，我則誑之以不害，利其僥倖存圖之心，速得全勢。彼將不能自陣，故不戰而滅之矣。如：晉侯假道於虞以伐虢。（《左傳・僖公二年》）晉滅虢……師還，襲虞滅之。（《左傳・僖公五年》）

這條按語是說：處在夾縫中的小國，一方想用武力威逼他，以利益誘騙他，乘他心存僥倖之時，立即把力量滲透進去，控制他的局勢，使其不能戰鬥，所以，不需要打什麼大仗就可將他消滅。此計的關鍵在於「假道」。善於尋找「假道」的藉口，隱蔽「假道」的真正意圖，突出奇兵，通常可輕而易舉地取勝。

典故名篇

❖ 諸葛亮氣死周瑜

三國時，荊州刺史劉琦病故，劉備被眾人推舉為牧守，佔據了荊州諸郡。

為了離間孫、劉兩家關係，曹操表奏漢獻帝，封周瑜為總領南郡的太守。這個總領南郡太守不過是個虛職，因為荊州被劉備佔著。周瑜果然中了曹操的奸計，命魯肅去見劉備，索回荊州。

劉備聽說魯肅來索要荊州，很是慌張。

諸葛亮勸慰道：「主公不必憂慮，亮自有良策。到時候，魯肅一提荊州之事，您就大哭，然後讓我與他周旋。」

魯肅到來，果然一開口便索要荊州。劉備聽罷，放聲大哭。這一哭，可把個魯肅弄糊塗了。

諸葛亮在旁開了腔：「當初我主向吳侯借荊州時，答應取得西川便還。但仔細一想，益州劉璋是我主之弟，乃同胞骨肉，若興兵取他的城池，恐被外人唾罵；如果不取，歸還荊州，又何處安身？假如不還荊州，於吳侯的面上又不好看。我主進退兩難，所以大哭。」

魯肅本是個寬仁的長者，見劉備如此哀痛，便答應了諸葛亮所提出的延期歸還荊州的請求。

周瑜聽完魯肅的彙報，大發雷霆。一計不成，他又生一計，要魯肅再去荊州。

魯肅依照周瑜的吩咐，再訪荊州，對劉備說：「吳侯十分同情您的處境，與眾將商量後，決定起兵替您取西川。取了西川，再換回荊州。這樣，西川只當是東吳送給您的一份嫁妝，車馬過路時，希望提供些糧草，別無它求。」

劉備有些猶豫不決。諸葛亮在一旁連忙點頭應道：「難得吳侯一片好心！雄師來到後，一定遠接犒勞。」

魯肅聽後，暗自高興。

待魯肅走後，劉備向諸葛亮詢問東吳的真正用意。

諸葛亮答道：「此乃周瑜小兒的『假道伐虢』之計。名取西川，實則取荊州。不過，周瑜騙得了別人，騙不了我。周瑜此次前來，我叫他死無葬身之地！」

周瑜起兵5萬人，浩浩蕩蕩開向荊州。來到荊州城下，周瑜以為諸葛亮會立於大門，簞食壺漿迎接他，然後他即可乘機掩殺過去。沒想到一聲梆子聲一響，兵率一齊豎起刀槍，嚴陣以待。吳軍背後也殺聲四起，皆言要活捉周瑜。周瑜知道上了諸葛亮的當，怒氣填胸，箭瘡復發，墜於馬下，倒地而亡。

長期以來，孫、劉兩家為爭荊州，鬧得不可開交，因此周瑜一心想重佔荊州，可謂路人皆知。在這種情況下，周瑜聲稱借道荊州取西川，很難不引起諸葛亮的懷疑。

「假道伐虢」固然是妙計，可一旦被人識破，就可能帶來災難。

❖ 白雪上撒咖喱粉

日本SB咖喱粉公司十年前還是一家產品滯銷、入不敷出，瀕於破產的小公司。可現在，SB公司已成為咖喱粉業的最大商家，其國內市場佔有率達50%以上。SB公司之所以能取得如此輝煌的成就，與其一次巧妙的廣告分不開。

十年前，SB公司的營業收入不甚理想，公司的咖喱粉大量積壓。一切促銷手段施盡後仍不理想。為此，公司走馬燈似的，一連換了三任總經理。

第四任總經理田中上任後，一開始也沒能拿出多少辦法，因為誰都知道公司的咖喱粉銷不出去的原由是市道上對SB公司的牌子陌生得很。咖喱粉又不是緊俏貨，進口貨、國產品，市場上應有盡有，要使人們掉頭買SB公司的咖喱粉，談何容易。

一天，田中翻閱報紙，看到一則關於某家酒店員工罷工的追蹤報導。文中說，酒店的罷工問題已得到圓滿解決，而且復了業，生意並出現了前所未有的景氣。

這一看，田中腦中突然一閃：這家酒店之所以復業後變得興旺，完全是無意中借助了新聞界為其做了報導，使其知名度大增，從而招徠顧客。SB公司何不也利用一招虛張聲勢，吸引傳媒界注意，為自己做無形的宣傳。不做則已，做就要一鳴驚人。經過一番深思熟慮，田中心生一計。

幾天後，日本幾家報紙，《讀者新聞》、《朝日新聞》等同時刊登了一則令每個日本人都感到震驚的廣告。廣告詞中稱：「SB公司決定僱直升機數架，飛臨白雪皚皚的富士山頂上空，把咖喱粉撒在山頂上。以後，人們看到的富士山將不再是白色，而是咖喱粉色⋯⋯」

富士山——日本一大名勝，在日本人乃至世人心中已成了日本國的象徵。在如此神聖的地方，居然如此隨意地撒上咖腫粉。凡是日本人，怎能容忍。

待輿論界將SB公司批得如火如荼，臨近公司許諾的飛機撒咖喱粉的日子時，報紙上突然又出現SB公司的一則鄭重聲明：「鑒於社會各階層一致強烈反對，本公司決定取消原計畫……」

在正義得償的抗議者慶賀他們成功的同時，田中和他的SB公司大蒙其利。這時全日本都已知道SB公司的名字。更重要的是，多數人以為SB是資金雄厚、財大氣粗的大公司。為此，不少小商小販紛紛加入其麾下，為其大力推銷SB咖喱粉。SB公司咖喱粉一時間成了暢銷貨。

用計錦囊

假道，即借道。本意不是為了「敵脅」我援，取信於夾縫中的小國，而是為了順勢將兵力滲透進去，控制這個小國。也可以理解為先利用甲做跳板，去消滅乙。達到目的後，回過頭來連甲一起消滅掉。

借道取勝，在商戰中不乏先例。其中之關鍵是：企業重視自身之實力，在入世後，更應該尋找本企業的發展新路，挖掘自身的應變能力。

第五套

併戰計

第二十五計 偷梁換柱

計名探源

偷梁換柱，指用偷換的辦法，暗中改換事物的本質和內容，以達到蒙混欺騙的目的。「偷天換日」、「偷龍換鳳」、「調包計」都是同樣的意思。

此計用在軍事上，指聯合對敵作戰時，反覆變動友軍陣線，藉以調換其兵力，等待有機可乘或其一敗塗地之時，將其全部控制。

把「偷梁換柱」歸於第五套「併戰計」中，本意是乘友軍作戰不利，乘機兼併他的主力為己方所用。

此計包含爾虞我詐、乘機控制別人的權術，所以也常常用於政治謀略和外交謀略。

秦始皇稱帝，自以為江山一統，已立下子孫萬代的基業。而且，他認為自己的身體還不錯，一直沒有指定接班人。

宮廷內，存在兩個實力強大的政治集團。一個是長子扶蘇、蒙恬集團，一個是幼子胡亥、趙高集團。扶蘇恭順善良，為人正派，在全國有很高的聲譽。秦始皇本意欲立扶蘇為太子，為了鍛鍊他，派他到名將蒙恬駐守的北線任監軍。幼子胡亥被嬌寵壞了，在宦官趙高教唆下，只知吃喝玩樂。

公元前二一〇年，秦始皇第五次南巡，到達平原津（今山東平原縣附近）時，突然一病不起。他知道自己大限將至，連忙召來丞相李斯，要李斯傳達他早已立好的祕詔，立扶蘇為太子。

當時掌管玉璽和起草詔書的是宦官頭兒趙高。趙高早有野心，看準了這是一次難得的機會，故意扣壓祕詔，等待時機。

幾天後，秦始皇在沙丘平召（今河北廣宗縣境）駕崩。李斯怕太子回來之前，政局動盪，所以祕不發喪。

趙高特地來找李斯，告訴他，皇上立扶蘇的詔書還扣在他手上。現在，立誰為太子，他們兩人就可以決定。

狡猾的趙高對李斯講明利害，說，如果扶蘇做了皇帝，一定會重用蒙恬，到那時候，宰相的位置，李斯能坐得穩嗎？一席話說得李斯果然心動，二人合謀，製造假詔書，賜死扶蘇，殺了蒙恬。

趙高未用一兵一卒，只用「偷梁換柱」的手段，就把昏庸無能的胡亥扶為秦二世，為自己日後的專權打下基礎，也為秦朝的滅亡埋下禍根。

原文

頻更其陣，抽其勁旅，待其①自敗，而後乘之。曳其輪也②。

注釋

①其：句中的幾個「其」字均指盟友、盟軍而言。

②曳其輪也：語出《易經·既濟卦》。既濟，卦名。本卦為異卦相疊（離下坎上）。上卦為坎為水，下卦為離為火。水處火上，水勢壓倒火勢，救火之事大功告成，故卦名「既濟」。既，已經；濟，成功。本卦初九《象辭》：「曳其輪，義無咎也。」意為拖住了車輪，車子就不能運行了。此計運用此象理，意為己方抽取友方勁旅，如同抽出梁木，房屋就會坍塌一樣，於是己方便可控制他了。

譯文

多次變動友軍的陣容，暗中抽換它的主力，乘機控制或吞併它。這就像拖住了大車的輪子，也就控制了大車的運行一樣。

講解

偷梁換柱，意指用不光彩的手段，暗中改換事物的本質和內容，以達到不可告人、欺世盜名的目的。尤其在軍事上，藉由調換友軍兵力，等待有機可乘，將其掌握於股掌之中。此計本意是說，乘友軍作戰不順利，伺機兼併他的有生力量為己方所用。

釋解妙計

古人按語：陣有縱橫，天衡為梁，地軸為柱。樑柱以精兵為之，故觀其陣，則知精兵之所在。共戰他敵時，頻更其陣，暗中抽換其精兵，或竟代其為樑柱；勢成陣場，遂兼其兵。併此敵以擊他敵之首策也。

這則按語，主要是從軍事部署的角度而言。古代作戰，雙方要擺開陣式，列陣都按東、西、南、北方位部署。陣中有「天衡」，首尾相對，是陣的大樑；「地軸」在陣中央，是陣的支柱。梁和柱的位置都是部署主力部隊的地方。因此，觀察敵陣，就能發現敵軍主力的位置。如果與友軍聯合作戰，應設法多次變動友軍的陣容，暗中更換其主力，派自己的部隊去代替它的樑柱，使其陣地無法由他自己控制，再伺機吞併其部隊。這是吞併這一股敵人再去攻擊另一股敵人的首要戰略。

以上這段按語，反映了封建社會時代軍閥割據，相互吞併的情況。所謂「友軍」，只是暫時聯合（利用）的對象，所以「兼併盟友」是常事。

不過，從軍事謀略上理解本計，重點也可以放在對敵軍「頻更其陣」上。也就是多次佯攻，促使敵人變換陣容，然後伺機攻其弱點。這種調動敵人的謀略，也能收到很好的效果。

典故名篇

❖ 曹操設計，解白馬之圍

公元二〇〇〇年，袁紹率精兵10萬，戰馬萬匹，於官渡（今河南省中牟）與曹操對峙。曹操則僅有三、四萬兵力。袁紹派遣大將郭圖、顏良率軍進攻曹操的東都，在白馬把守將劉廷團團圍住。4月，曹操領兵北上，欲解白馬之圍。

這個圍怎麼個解法？

謀士荀攸向曹操獻計：「袁軍在白馬兵多勢大，解白馬之圍，必須用計使袁軍的主力撤走，才能戰勝他。要達到撤走白馬之敵的目的，曹公可先去延津，偽裝要渡河攻打袁軍後方，袁紹必然把圍攻白馬的主力調走，換成較弱的部隊接替。這時，你再襲擊圍攻白馬的袁軍，就可以打他個措手不及而取勝。」

曹操聽後，點頭稱讚。

果然，袁紹中計，把圍攻白馬的主力換掉。曹操乘機率軍去解白馬之圍，大敗袁軍，並殺了顏良。

❖ 美而奇的獨特經營法

義大利「美而奇」酒店的經紀人愛德華·摩爾斯福有一套獨特的經營術。他雖然希望生意興隆，對那些嗜酒如命的人卻極不讚賞。為此，他下了一番功夫，想方設法將自己的酒店變成不出一個醉漢的酒店，而又能吸引好酒者。

「美而奇」酒店的門標上寫道：「本酒店叫美而奇，美在顧客感到飲料、食物美不盡言，奇在顧客整天在本店飲酒，不會中毒，也不會醉倒。本店規定，喝酒的範圍分一小時飲、二小時飲、四小時飲、六小時飲、整天飲（以一天十小時為準）五種，每種飲什麼酒，飲多少，都由本店配合其它飲料交叉安排，顧客不要指責。有意者請入內，本店熱忱歡迎光臨！」

原來，這家酒店的每一種酒，真正的酒料很少，大部分都配有其它飲料，而各種蔬菜、菜餚、點心、特產小吃，品種多、味道奇。到這裡來飲酒的顧客，反而給眾多味美的食物吸引住而忘了多喝酒。以一小時為例，每位顧客飲到的酒不下十大杯，但其中真正的酒料只有一杯高級啤酒的容量。至於到這裡整天飲的酒客，每人的酒料，最多四兩威士卡，而且飲酒時間間隔很長，不致醉倒。

「美而奇」酒店用「偷梁換柱」這一招，反而引來賓客如雲，生意好極了。

❖ 吉諾巧售「阿根廷香蕉」

吉諾·鮑洛奇被譽為美國的「商界奇才」。

他自幼出身貧寒。正是貧寒的家境、艱苦的生活，造就了他經商的天才。在他10歲時，一場席捲全球的大蕭條襲擊了明尼蘇達。父親失業了，他只好利用課餘時間打工。

他在杜魯茨食品商大衛·貝沙的超市連鎖店之一的食品店幹推銷工作。對這份工作，他十分珍惜，用自己的熱情感染著顧客，積累了豐富的經驗。貝沙注意到這個出色的小夥子，把他調到杜魯茨總店進行訓練。

初到杜魯茨總店，鮑洛奇的工作是賣水果。但正當他越幹越有勁頭、越幹越出色之時，發生了一件意外——貝沙連鎖店冷藏水果的冷凍廠突然起火。待救火隊員迅速將火撲滅，發現有18箱香蕉已被火烤得有點兒發黃，香蕉皮上還有許多小黑點。貝沙將這18箱香蕉交給鮑洛奇，告訴他，只要賣出去就行，價錢低些無所謂。

接過這些香蕉，鮑洛奇犯難了：「這可怎麼辦？誰會買這些難看的香蕉？如果賣不出去，貝沙先生又會怎樣看我的工作能力？這棘手的任務該怎麼完成？」

他無奈地將這些發黃的香蕉擺了出來。然而，儘管他標上很低的價格拼命叫賣，仍只有寥寥可數的幾個人到攤位前，而且幾乎都只看一下就轉身走人。

無論飽洛奇怎樣解釋說這些香蕉僅僅是外表不好看味道絕對可口還是沒有人買。他喊累了，隨手剝開一根香蕉，咬了一大口。

「咦——真是別有一番風味！」他自言自語道。

「對了，就這麼辦！」靈機一動，他突然想出一個好主意，高興地叫了起來。

第二天，鮑洛奇早早地擺出了水果攤，大聲吆喝起來：「美味的阿根廷香蕉，風味獨特，快來買呀！獨此一家，過時不候。」

吆喝聲吸引了不少人。他們圍在水果攤前，盯著這些皮稍微發黃，還帶著小黑點的「阿根廷香蕉」。但大家還是猶豫著。

「這真是阿根廷香蕉嗎？」其中一人問道。

「當然是！」鮑洛奇答得很肯定：「從來沒見過吧！我敢保證，它的確與眾不同。不信您嘗嘗。」

鮑洛奇憑著三才不爛之舌，將「阿根廷香蕉」描述得天花亂墜，然後又剝開一根香蕉，遞到那問話的人手裡。「嗯！的確與眾不同。」那人嘗後點點頭，對周圍的人說。他隨即掏出了錢。

這時，圍觀的人也紛紛掏錢購買。儘管這「阿根廷香蕉」的價格比普通香蕉貴了一倍，不一會兒，18箱香蕉就被搶購一空。終於完成了貝沙交給他的任務，而且是圓滿完成，鮑洛奇自豪地笑了。

故事中，鮑洛奇正是在保證質量的前提下，運用「偷梁換柱」的計謀，將價格提高，從而大賺了一筆。

用計錦囊

要弄明白這個解語，還先得懂一點古代打仗的布陣問題。

古代作戰，戰場上的敵對雙方要列陣相持。陣式按東南西北的方位擺出。陣中有「天衡」首尾相對，堪稱陣的大樑；連貫陣中央的「地軸」好像陣的支柱。擺在大樑和支柱上的兵力通常都是主力。所以，當你觀察敵方的陣容時，就不難發現對方的主力在哪裡。發現對方的主力在哪裡，如能設法把它的主力抽換掉，就可以乘機控制它。

第二十六計 指桑罵槐

計名探源

指桑罵槐，寓意應從兩方面理解。一是運用各種政治和外交謀略，「指桑」而「罵槐」，施加壓力，配合軍事行動。對於弱小的對手，可以用警告和利誘的方法，不戰而勝。對於比較強大的對手，可以旁敲側擊威懾他。

春秋時期，齊相管仲為了降服魯國和宋國，就運用了此計。他先攻弱小的宋國。魯國畏懼，立即求和。宋見齊魯聯盟，也只得認輸。管仲「敲山震虎」，不用太大的代價，就使魯、宋兩國臣服。

部隊的指揮官必須做到令行禁止，法令嚴明。否則，指揮不靈，令出不行，士兵一盤散沙，怎能打仗？所以，歷代名將都特別注意軍紀嚴明，管理部隊時剛柔相濟，既關心、愛護士兵，又嚴加約束，決不能令而不從，禁而不止。所以，有時採用「殺雞儆猴」的方法，抓住個別的壞分子，從嚴處理，以震懾全軍將士。

春秋時期，齊景公任命穰苴為將，帶兵攻打晉、燕聯軍，由寵臣莊賈任監軍。穰苴與莊賈約定，第二天中午在營門集合。

第二天，穰苴早早到了營中，命令裝好計時器——標杆和滴漏盤。約定時間一到，穰苴就到營中宣佈軍令，整頓部隊。可是，莊賈遲遲未到。穰苴幾次派人催促，直到黃昏時分，莊賈才帶著醉容到達營門。穰苴問他為何不按時報到。莊賈一副無所謂的樣子，說什麼親戚朋友設宴為他餞行，他總得應酬應酬，所以來得遲了。穰苴非常氣憤，斥責他身為國家大臣，負有監軍重任，卻只戀自己的小家，不以國家大事為重。莊賈以為這是區區小事，仗著自己是國王的寵臣，對穰苴的話大不以為然。

穰苴當著全軍將士，命令叫來軍法官，問道：「無故誤了時間，按照軍法，應當如何處理？」軍法官答道：「該斬！」穰苴即命拿下莊賈。

莊賈嚇得渾身發抖。他的隨從連忙飛馬進宮，向齊景公報告情況，請求景公派人救命。然而，在景公派的使者未到之前，穰苴已下令將莊賈斬首示眾。全軍將士看到主將殺了違犯軍令的大臣，個個嚇得發抖，誰還敢不遵將令？

這時，景公派來的使臣飛馬闖入軍營，叫穰苴放了莊賈。穰苴應道：「將在軍，君命有所不受。」他見來使驕狂，便又叫來軍法官，問道：「在軍營亂跑馬，按軍法，應當如何處理？」軍法官答道：「該斬。」來使嚇得面如土色。穰苴不慌不忙地說：「君王派來的使者，可以不殺。」於是下令殺了他的隨從和三駕車的左馬，砍斷馬車左邊的木柱。然後讓使者回去報告。

穰苴軍紀嚴明，軍隊戰鬥力旺盛，果然打了不少勝仗。

原文

大凌小者，警以誘之①。剛中而應，行險而順②。

注釋

①大凌小者，警以誘之：強大者要控制弱小者，須用警誡的辦法誘導他。

②剛中而應，行險而順：語出《易經，師卦》。師，卦名。本卦為異卦相疊（坎下坤上）。下卦為坎為水，上卦為坤為地。水流地下，隨勢而行。此正如軍旅之家，故名為「師」。本卦《彖辭》說：「剛中而應，行險而順，以此毒天下，而民從之。」「剛中而應」，是說九二以陽爻居於下坎的中位，叫「剛中」，又上應上坤的六五，此為互應。下卦為坎，坎表示險；上卦為坤，坤表示順。故又有「行險而順」之象。以此卦象的道理督治天下，百姓就會服從。這是吉祥之象。「毒」，治的意思。

譯文

強大的懾服弱小的，可以用警告的辦法誘導他。適當的強硬，可以得到響應；果敢的手段，可以使人敬服。此計運用《易經・師卦》象理，是說治軍採取適當的強硬手段，即會得到應和，行險則遇順。

講解

「指桑罵槐」，意為指著桑樹罵槐樹。很久以來，它已成為含沙射影、拐彎抹角罵人的代名詞。此計之喻，應從兩方面廣為理解，運用各種政治和外交謀略，「指桑」而「罵槐」，施加壓力，以配合軍事行動。對於弱小的對手，可以用警告和利誘的方法，不戰而勝。對於比較強大的對手，可以旁敲側擊威懾他。

釋解妙計

古人按語：率數未服者以對敵，若策之不行，而利誘之，又反啟其疑；於是故為自誤，責他人之失，以暗警之。警之者，反誘之也。此蓋以剛險驅之也。或曰：此遣將之法也。

統率不服從自己的部隊去打仗，如果調動不了，想用金錢利誘，反而會引起部眾的懷疑。正確的方法是：故意製造錯誤，然後責備某人的過失，藉此暗中警告那些不服從指揮的人。這種警誡，是從反面誘導部眾，或是用強硬而險詐的方法迫使士兵服從。可以說，這就是調遣部將的謀略。

對待部眾，必須恩威並重，剛柔相濟。軍紀不嚴的烏合之眾，哪能取勝？如果只是一味地嚴厲，甚至近於殘酷，也難做到使將士心服。所以，關心將士，體貼將士，使將士心中感佩，這才算得上是稱職的指揮官。

「約束不明，申令不熟，將之罪也。」這話是強調治軍要嚴。「視卒如愛子，故可與之俱死。」這話是強調要關心將士，使他們願意與將帥一同出生入死。

典故名篇

❖ 羅斯福決定製造原子彈

一九三七年10月11日，美國總統羅斯福的私人顧問薩克斯受愛因斯坦等科學家委託，向羅斯福提出重視對原子彈之研究，搶在納粹德國之前製造出原子彈的建言。

不料，羅斯福對此議絲毫不感興趣。他十分冷淡地說：「我聽不懂什麼核裂變的理論！現在政府無力投下巨資，研製這種新型炸彈。你最好不要為愛因斯坦那幫人跑來跑去了！」

事後，羅斯福覺得對薩克斯的態度有些過火。為表歉意，他邀請薩克斯共進早餐。

薩克斯十分珍惜這個機會。他在公園徘徊了一整夜，苦苦思索說服總統的辦法。

第二天清晨，薩克斯與羅斯福一起進入餐廳。剛落座，羅斯福便說，「那天我的態度有些糟，對不起了！科學家就是異想天開。今天可不許你再提物理學和原子彈！」

「那我就談一點歷史，好嗎？」薩克斯並不洩氣，語氣平緩地說：「當年不可一世的拿破崙，陸地作戰總是旗開得勝，海戰卻不如人意。有一回，一個叫富爾頓的美國人求見他，建議把法國戰艦的桅桿砍斷，裝上蒸汽機，把船板換上鋼板，說這樣就能所向無敵，很快佔領英倫三島。拿破崙心想，船沒了帆就無法行駛，船板換上鋼板，肯定會沉沒。他認為富爾頓是個瘋子，竟然把富爾頓趕走了。後來的歷史學家說，如果拿破崙當時採用了富爾頓的建議，整個歐洲的歷史將會重寫。」

羅斯福聽罷，臉色變得嚴肅起來。沉思了幾分鐘後，他說，「你贏了！我們馬上著手研製原子彈！」

薩克斯激動得熱淚盈眶。他知道，戰爭的勝利必將屬於盟國一方。薩克斯不直接談原子彈問題，而是運用歷史上發生的類似事件進行說明，使不懂物理學的羅斯福總統很快接受了科學家的建議，做出了重大的決定。在這裡，薩克斯使用的就是「指桑罵槐」的計謀。

❖ 指桑罵槐推銷術

某化工企業的一位推銷員帶著他們廠的產品——尼龍拖纜，到當地的一家運輸公司推銷。由於這家運輸公司一直使用鋼絲拖纜，已成習慣，所以，儘管這位推銷人員費盡口舌，介紹說尼龍拖纜價格低、不生銹、易保存、拉力強，優於鋼絲拖纜等等，公司採購部門仍然不肯訂購尼龍拖纜。

有一天，這位推銷員到這家運輸公司。碰巧運輸公司的一輛卡車陷到泥裡去了。於是，推銷員立刻送上自己的尼龍拖纜，幫助卡車司機擺脫了困境。這位司機既為推銷員的熱情幫助所感動，又親眼目睹了尼龍拖纜確實具有使用方便等優點，因而對尼龍拖纜產生了好感，於是親自帶著推銷員去見經理，說服經理選購尼龍拖纜，終於使尼龍拖纜在這家運輸公司打開了銷路。

台灣的一家螺絲廠，生產技術和設備都屬一流，產品的質量也遠遠超過市場上的其它同類產品。但由於成本高，帶來了一定的困難。這家工廠的推銷員想出了一個辦法。他每到一家用戶，總是客氣而又堅決地要求對方將他們廠的產品和對方常用的其他廠家生產的螺絲同放到一盆鹽水中浸泡一會兒，然後一同取出，放在一旁晾起來，並向戶主說明，下周再來看結果。

過了一周，這位推銷員再度登門，與戶主一起對上周晾置的螺絲進行觀察。結果，其它經過鹽水浸泡的螺絲都已銹跡斑斑，惟有他推銷的螺絲沒有生銹。

這時，這位推銷員不失時機地將本廠的生產技術和設備的先進之處、產品的優越性，以及產品價格為何高於市場上出售的其它同類產品的原因，向戶主做了詳細的說明。他又與戶主算一筆帳：他們廠的螺絲價格雖然略高於其它同類產品，但使用起來安全可靠，這個優點是其它同類產品無法比擬的。

經過實際試驗和這推銷員的詳細介紹，幾乎所有的用戶都心服口服，自願改用該廠的螺絲。這樣，該廠的產品終於在市場上佔有一席之地。這位推銷員是靠「指桑罵槐」術打開他所推銷之產品的市場。

推銷員上門推錯商品，或是為了說服已形成某種消費習慣的顧客，常常採用「指桑罵槐法」的推銷手段。它的優點在於：耳聽為虛，眼見為實。讓具體的事實說話，事實勝於雄辯。通過消費者的親眼觀察和親身感受，增強了對商品的了解和信任，即可達到目的。

❖ 洋娃娃暢銷，逢合失意人

現代商戰是一種有準備的對壘，而不是盲目的較量，是按客觀規律行動，而不是隨意出招。孫子「先勝後戰」的思想，在商戰中，也十分重要。

在商戰中，先勝，即重視心理準備及物質準備。

一九八三年，聖誕節降臨的前夕，一架波音七四七飛機由香港飛越太平洋，直達美國。這架飛機上滿載10萬個布製的洋娃娃。這些洋娃娃一運到美國，便被搶購一空。這種洋娃娃的設計者是美國一位28歲的青年羅巴士。他為什麼知道這些洋娃娃在美國會取得如此熱烈的迴響？

首先，他分析，美國家庭因過分強調獨立，許多孩子脫離家庭，家庭生活變得寂寞而無樂趣。很多生活在離婚家庭中的孩子，心理上更是感到孤寂無依，需要精神上的安慰。因此，這些成年人和孩子都可能喜歡布娃娃。

同時，美國廠商對消費者的心態也做了估計，認為這種布娃娃一旦投入市場，必然會打開銷路。於是，美國廠商同羅巴士取得聯繫，把洋娃娃的布料在聖誕節前由美國運往香港，香港方面晝夜加緊趕製，然後再空運美國。

除了確立這種洋娃娃必然暢銷的想法，設計製造者為迎合人們的心理需求，在製作上大動腦筋。他們把布娃娃塑造成一種有生命的東西。這種稱為「椰菜頭」的洋娃娃實質上不是賣給人，而是讓人領「養」。購買者要簽署「領養證」，保證好好地照顧她（他）。通過辦理領養手續，使買者對布娃娃產生一種親切感。

與此同時，設計者還抓住了消費者不同的心理需求，把玩具設計得極富「個性化」，並用電腦程式巧妙安排，羅列出萬種不同的組合，幾乎找不出兩個完全一樣的洋娃娃。

由於在銷售前做了這些巧妙的準備，這種布娃娃一投放市場，立即引起轟動。布娃娃的零售價高達150美元。有原設計者親手簽名的布娃娃，更高達三千美元。儘管如此，仍供不應求，創出了世界銷售史上的奇蹟。

廠商的市場指向是「出售親情」，迎合了廣大消費者的心理，得以開拓出一個很廣闊的市場。從商戰的角度看，此例不失為一個「指桑罵槐」的典範。

用計錦囊

「指桑罵槐」，意為指著甲罵乙，指著狗罵雞。

軍事上，此計主要是研究將帥採用什麼方法教育部隊。指揮者用「殺雞儆猴」、「敲山震虎」的暗示手段懾服部屬，樹立威嚴。

運用此計於企業中，加強管理，練好內功，可提高企業的素質。這是參與商業競爭之根本。任何消極、不利的因素都要排除。

切記：治軍不嚴，等於敗軍；管理不嚴，即毀於一旦。

第二十七計◆

假痴不癲

計名探源

假癡不癲，重點在一個「假」字，意思是偽裝、裝聾作啞、癡癡呆呆，內心卻特別清醒。此計作為政治謀略和軍事謀略，都算高招。

用於政治謀略，此計堪稱韜晦之術。在形勢不利於自己時，表面上裝瘋賣傻，給人以碌碌無為的印象，隱藏自己的才能、內心的政治抱負，以免引起政敵的警覺，待機實現自己的抱負。

三國時期，曹操與劉備「青梅煮酒論英雄」的一段故事，就是個典型的例證。

當時，劉備早已心存奪取天下的抱負。只因力量太弱，根本無法與曹操抗衡，而且處在曹操的控制之下，所以每日只是飲酒種菜，裝著不問世事。

一日，曹操請他喝酒。席上，曹操問他，誰是天下英雄。劉備列了幾個名字，都被曹操否定了。忽然，曹操說道：「天下英雄，只有我和你兩個人！」

此話一出，嚇得劉備驚慌失措，深怕曹操看透自己的抱負，手中的筷子不由得掉落地面。此時突然一陣炸雷。劉備急忙遮掩，說自己被雷聲嚇掉了筷子。曹操見狀，大笑不止，認為劉備連打雷都害怕，成不了大事，對他放鬆了警惕。

後來劉備擺脫了曹操的控制，終於成就了一番事業。

此計用在軍事上，指的是：雖然自己具有實力，但故意不露鋒芒，顯得軟弱可欺，用以麻痺、驕縱敵人，然後伺機施以打擊。

秦朝末年，匈奴內部政權變動，人心不穩。鄰近一個強大的民族東胡趁機向匈奴勒索。東胡存心挑釁，要匈奴獻上國寶千里馬。

匈奴的將領都說東胡欺人太甚，國寶決不能輕易送給他們。匈奴單于冒頓卻爽快地說：「給他們吧！不能因為一匹馬而與鄰國失和嘛！」

東胡見匈奴軟弱可欺，竟然向冒頓要一名妻妾。眾將見東胡得寸進尺，個個義憤填膺。冒頓卻說：「給他們吧！不能因為捨不得一個女子而與鄰國失和嘛！」

東胡不費吹灰之力，連連得手，料定匈奴軟弱，不堪一擊，根本不把匈奴放在眼裡。這正是冒頓單于求之不得的。

不久，東胡看中了與匈奴交界處的一片茫茫荒原，這荒原屬於匈奴的領土。東胡派使臣前往匈奴，要匈奴以此地相贈。

匈奴眾將認為冒頓一再忍讓，這荒原又是杳無人煙之地，恐怕只得答應割讓了。誰知冒頓竟語氣堅定地說：「荒原雖然杳無人煙，卻是我匈奴的國土，怎可隨便讓人？」隨即下令集合部隊，進攻東胡。

匈奴將士受夠了東胡的氣，人人奮勇爭先，銳不可擋。東胡做夢也沒想到那個癡愚的冒頓會突然發兵攻打自己，所以毫無準備，倉促應戰，哪是匈奴的對手。結果東胡被滅，一味逞強的東胡王被殺於亂軍之中。

原文

寧偽作不知不為，不偽作假知妄為①。靜不露機，雲雷屯也②。

注釋

①寧偽作不知不為，不偽作假知妄為：寧可假裝著無知而不行動，不可以假裝假知而輕舉妄動。

②靜不露機，雲雷屯也：語出《易經·屯卦》。屯，卦名。本卦為異卦相疊（震下坎上，震為雷，坎為雨。卦象為雷雨並作，環境險惡，為事困難。「屯，難也。」《屯卦》的《彖辭》又說：「雲雷，屯。」坎為雨，又為雲，震為雷。這是說，雲行於上，雷動於下。雲在上有壓抑雷之象徵，這是屯卦之卦象。

譯文

寧可裝作糊塗而不行動，也不可冒充聰明而輕舉妄動。暗中籌劃而不露聲色，要像《易經・屯卦》裡所說的，如同冬天裡的雷電蓄而待發一樣。說具體一點就是：戰機未到，不能操之過急，而要裝作什麼也不知道，若無其事。實際上心下當然清楚。正如《孫子兵法》所說：「能而示之不能，用而示之不用。」

此計運用「屯卦」象理，是說軍事上以退求進，假癡不癲，積蓄力量，以期後發制人。這就如同雲勢壓住雷動，不露機巧，最後一旦爆發攻擊，便可出其不意而獲勝。

講解

「假癡不癲」是指表面上裝聾作啞、裝瘋扮傻，實際上心裡非常清楚的一種愚弄人之作為。此計用於軍事上，實是一種老成持重的謀略。古人說：「謀出於智，成於密，敗於露。」進攻的機會未到，應鎮靜待機，切勿冒失行動，以免暴露戰機，引起猜疑，導致失敗。

運用「假癡不癲」之計，關鍵在於：寧可偽裝成糊塗而不行動，也不要自作聰明而輕舉妄動。必須冷靜沉著，不露機鋒，好像風雷蓄而不發一樣。

釋解妙計

古人按語：假作不知而實知，假作不為而實不可為，或將有所為。司馬懿之假病昏以誅曹爽，受巾幗，假請命以老蜀兵，所以成功；姜維九伐中原，明知不可為而妄為之，則似癡矣，所以破滅。

兵書曰：「故善戰者之勝也，無智名，無勇功。」當其機變未發時，靜屯似癡；若假癲，則不但露機，且亂動而群疑。故假癡者勝，假癲者敗。或曰：假癡可以對敵，並可以用兵。

宋代，南俗尚鬼。狄青征儂智高時，大兵始出桂林之南，因佯祝曰：「勝負無以為據。」乃取百錢自持，與神約：「果大捷，則投此錢盡錢面也。」左右諫止：「倘不如意，恐沮軍。」青不聽，萬眾方聳視。已而揮手一擲，百錢皆面。於是舉兵歡呼，聲震林野。青亦大喜，顧左右，取百釘來，即隨錢疏密，布地而貼釘之，加以青紗籠，手自封焉，曰：「俟凱旋，當酬神取錢。」其後平邕州還師，如言取錢。幕府士大夫共視，乃兩面錢也。（《戰略考・宋》）

自己非常清楚，卻偽裝不知道。現在假裝不行動，是因為現在還不可能行動，必須等待時機。

古代兵書告訴我們，真正善於打仗的人決不會炫耀自己的智謀和武力。時機不到，他們鎮定得像個呆子。如果假作癲狂，肯定會洩露機密，讓敵方或友方懷疑。所以，裝癡的，肯定取勝；假裝癲狂的，必然失敗。司馬懿誅殺曹爽就是很好的例證。還有一次，孔明送一套婦女服裝給司馬懿，想激他出戰，可他故意裝作無所謂的樣子，上表請命，堅守不戰以疲勞蜀軍，也是個好例證。

也有人說，假癡可以對敵，也可以用來治軍。此即所謂的「愚兵術」。《孫子兵法》：「能愚士卒之耳目，使之無知。」

宋代將領狄青率軍攻打儂智高，為了鼓舞士氣，就巧妙地利用了士兵的迷信心理。他預先命人做了一百枚兩面都是正面的銅錢。出兵時，他祈禱神靈：如果一百枚銅錢擲出，全是正面，此戰一定能大獲全勝。將領們深怕這事弄不好，反而挫敗士氣。狄青胸有成竹，親手撒下百錢，果然個個都是正面。士兵歡聲雷動，士氣高昂。狄青命人在原地把錢用釘子釘牢，蓋上青紗，親自封好，說：「等到勝利歸來，再酬神取錢。」此仗果然大捷。回來，揭開青紗，眾將才恍然大悟。

典故名篇

❖陳橋兵變

公元九五九年，後周世宗病逝，由他7歲的兒子繼位，是為周恭帝。恭帝年幼，不能料理朝政，國家出現不穩定的局面。

大將趙匡胤多年來跟隨世宗南征北戰，取得了世宗的信任，這時官任殿前都點檢、檢校太尉、歸德軍節度使，掌管禁軍的統帥權，在朝廷中是一個舉足輕重的人物。他有意取代後周，自立為天子，建立自家的封建王朝。

九六〇年正月元旦，趙匡胤讓鎮、定二州謊報軍情，說契丹勾結北漢，大舉南犯，請求急速發兵抵禦。宰相范質、王溥等不辨真偽，立即派他率大軍出征。出征之前，京城開封竟出現了「都點檢為天子」的謠傳。

趙匡胤率大軍到達離開封城四十里的陳橋驛站時，天色漸黑，遂下令部隊紮營歇息。

晚間，軍校苗訓仰觀天象。有人問他看出了什麼。苗訓回答：「你沒看見太陽下面還有一個太陽嗎？後一個太陽將取代前一個太陽，這是天命。前一個太陽應驗在周，後一個太陽應驗在都點檢的身上了。」

這種說法很快在軍中傳開了，大家議論紛紛：現在皇上年幼，國家危在旦夕。不如扶持都點檢為天子，然後再北征也不晚。於是，都押衙李處耘、歸德軍掌書記趙普、趙匡胤之弟趙光義等一起商議擁立趙匡胤為天子的具體事宜，並派人回開封，讓殿前都指揮使石守信、都虞侯王審琦裡應外合。這些人都是趙匡胤的親信。

其實，開封城的謠語、苗訓夜觀天象，以及親信們商議策立事宜，都是趙匡胤一手安排。這天晚上，趙匡胤假裝萬事不知，喝醉後便去睡覺。

第二天清早，眾將拿著只有皇帝才能穿的黃袍披在他的身上。他裝作很不情願的樣子說：「你們服從我的命令還可以，不然，我不當這個皇帝。」眾將跪拜，表示願意聽從他的調遣。

於是，趙匡胤率領大軍返回開封。此時正值早朝，消息傳來，朝中大亂，眾臣束手無策。只有侍衛軍副都指揮使韓通一人馳馬準備抵抗。走到正街，韓通就被趙匡胤前部校尉王彥升一刀劈死。丞相范質不得已率百官迎接。

趙匡胤面對百官，流著淚說：「先帝待我恩重如山，我是被眾將逼迫，才這樣做的！」

范質剛要答話，趙匡胤的部將羅彥環已厲聲道：「大家共同推舉都點檢為天子，誰敢反對，我的寶劍不饒他！」范質等人嚇得面如土色，帶領百官跪拜聽命。

翰林學士陶谷隨即拿出早已擬好的禪代詔書，宣佈周恭帝退位，將皇位讓給趙匡胤。趙匡胤正式即位，做了皇帝，改國號為宋，是為宋太祖。

趙匡胤非常想當皇帝，但如果自己親自出面搞兵變，就會落個亂臣賊子的罪名。他暗中周密安排，自己假癡不癲，裝作一無所知，終於很順利地坐定了江山。

❖ 包玉剛「愚蠢之舉」中的遠見卓識

一九五五年，包玉剛成立環球航運公司，花了377萬美元，買下一艘已經使用了27年的舊貨船，開始了經營船隊的生涯。

當時，世界航運界通常按照船隻航行里程計算租金的單程包租辦法，世界經濟又處於興旺時期，單程運費收入高，一條油輪跑一趟中東，可賺五百多萬美元。

然而，包玉剛並不為暫時的高利所動，他堅持一開始就採取低租金、合同期長的穩定經營方針，避免投機性業務。這在經濟興旺時期，不免被視為「愚蠢之舉」。

許多同行都勸他不要「犯傻」，改跑單程，但他「假癡」扮傻。他心裡明白，靠運費收入的再投資，根本不可能迅速擴充船隊。要迅速發展，必須得到銀行的低息長期貸款；而要取得這種貸款，必須使銀行確信你的事業前途好，有長期可靠的利潤。

為此，他把買到的一條船以很低的租金，長期租給一家信譽良好、財務可靠的租船戶，然後憑著這份長期租船合同，向銀行申請到長期低息貸款。

正是靠著這種穩定經營的方針，包玉剛只用20年時間，就發展成擁有總噸位居世界之首的遠洋船隊，登上世界船王的寶座。究其成功之祕訣，當然得歸之於當初的「假癡不癲」，歸於他貌似愚蠢的遠見卓識。

❖ 埃德瘋狂大減價

加拿大人默維希整整經營了一條街的生意，有埃德商店、埃德批發店、埃德小吃店、埃德餐館等等，最大的特點是便宜。

二次大戰結束後，默維希看到百廢待興的情況，決定經營低價的舊貨商品。

他在報紙上登的廣告是：「我們的店舖像垃圾堆！我們的服務令人作嘔！我們的固定資金只是一堆破爛箱！但是……我們的價格全市最低最低！」顧客聞訊而至，紛紛登門。一開始大家買便宜貨不好意思，總說是為自己的女僕來買東西。後來逐漸習以為常，大模大樣，爭相搶購。

去埃德商店買東西已經成為加拿大各大城市居民的一種賞心樂事。商店中午11點開門，但一早就有人等候，裝有2萬多隻燈泡的廣告牌閃爍光芒：「奧尼斯特·埃德是馳名世界的廉價商店。」廣告牌下，顧客的長蛇陣熱鬧非凡。

店門打開，顧客蜂擁而入。店內各種減價物品堆積如山，從開罐工具到結婚禮服，無所不有。這些物品有些剛過時令，價格就比時令貨低了一倍還多。

商店內到處是標語：「埃德的破爛貨堆積如山，但價格永遠便宜！埃德的價格近乎荒唐可笑，但確實便宜、便宜、便宜！」揚聲器中的《埃德之歌》，每節的末尾重覆著：「奧尼斯特·埃德，瘋狂減價的埃德。」

默維希以他獨特的風格，在商界獨樹一幟。他以大降價為幌子，不露聲色地「假癡不癲」，從中賺了數以萬計的利潤。

用計錦囊

「假癡不癲」是一種明裝癡呆，暗中算計他人的計謀。運用到軍事鬥爭中，能起一種迷惑敵人，緩兵待機，後發制人的作用。

此計是一種老成持重的謀略，對指揮者的心理素質要求很高。只有具備沉著鎮定、戒驕戒躁，不被暫時的功利所打動的心理，才有可能運用好這一計謀。

第二十八計 ◆ 上屋抽梯

計名探源

上屋抽梯，源自一個典故。

後漢末年，劉表偏愛少子劉琮，不喜歡長子劉琦。劉琦的後母害怕劉琦得勢，影響到親子劉琮的地位，非常嫉恨他。劉琦感到自己處境十分危險，多次向諸葛亮求教，但諸葛亮一直不肯為他出主意。有一天，劉琦約諸葛亮到一座高樓上飲酒。待二人坐定，劉琦暗中派人拿走了樓梯。然後他說：「今日上不至天，下不至地，出君之口，入琦之耳，可以賜教矣！」諸葛亮見狀，無可奈何，給劉琦講了個故事。

春秋時期，晉獻公的妃子驪姬想謀害獻公的兩個兒子：申生和重耳。重耳知道驪姬居心險惡，只得逃亡國外。申生為人厚道，力盡孝心，侍奉父王。一日，申生派人給父王送去一些好吃的東西，驪姬乘機用有毒的食品將太子送來的食品更換了。獻公哪裡知道，正待要吃，驪姬故意進言，說這膳食從外面送來，最好讓人先嘗嘗。於是命侍從品嘗。侍從剛剛嘗了一點，便倒地而死。獻公大怒，大罵申生不孝，陰謀弒父奪位，下令將申生處死。申生聞訊，也不申辯，自刎身亡。

諸葛亮對劉琦說：「申生在內而亡，重耳在外而安。」劉琦馬上領會，立即上表請求前往江夏（今湖北武昌），避開了後母，終於免遭陷害。

劉琦引誘諸葛亮「上屋」，是為了求他指點，「抽梯」，是斷其後路，也是為了打消他的顧慮。

此計用在軍事上，是指用小利引誘敵人，然後截斷敵人之援兵，以便將敵圍殲的謀略。這種誘敵之計，自有其高明之處。敵人不可能輕易就上當。所以，你應該先為他安放好「梯子」，也就是故意給予方便。等敵人「上樓」，也就是進入你已布好的「口袋」，即可拆掉「梯子」，圍殲之。

安放梯子，很有學問。對性貪之敵，以利誘之；對性驕之敵，以示我方之弱以惑之；對莽撞無謀之敵，設下埋伏，使其中計。總之，要根據情況，巧妙地安放梯子。

《孫子兵法》中最早出現「去梯」之說。《孫子・九地篇》：「帥興之期，如登高而去其梯。」意思是說：把自己的隊伍置於有進無退之地，破釜沉舟，迫使士兵同敵人決一死戰。

如果將上面兩層意思結合起來運用，真是相當厲害的謀略。

原文

假之以便，唆之使前，斷其援應，陷之死地①。遇毒，位不當也②。

注釋

①假之以便，唆之使前，斷其援應，陷之死地：假，借。句意是：借給敵人一些方便（即我故意暴露出一些破綻），以誘導敵人深入我方，乘機切斷他的後援和前應，最終陷他於死地。

②遇毒，位不當也：語出《易經·噬嗑卦》。噬嗑，卦名。本卦為異卦相疊（震下離上）。上卦為離為火，下卦為震為雷。既打雷，又閃電，威嚴得很。又離為陰卦，震為陽卦，陰陽相濟，剛柔相交，以喻人要恩威並用：寬嚴結合。卦名「噬嗑」，意為咀嚼。本卦六三《象辭》：「遇毒，位不當也。」本是說，搶吃臘肉中了毒（古人認為臘肉不新鮮，含有毒素，吃了可能中毒），係因六三陰爻居於陽位，位不當之故。

譯文

故意暴露破綻或放出誘餌，造成有便宜可佔的假象，引誘敵人深入，然後再切斷它的前應和後援，使他陷入我方預設的「口袋」之中。「遇毒，位不當也。」引自《易經・噬嗑》卦，意思是：敵人貪得無厭，必定招致後患。

敵人受我之唆，猶如貪食搶吃，見利而受騙，必陷於死地。

講解

巧設梯子，引誘對手登梯上房；然後抽走梯子，斷其後路，使之無法逃脫，任我擺布。這種方法稱為「上屋抽梯」。軍事上的「上屋抽梯」，是指誘敵深入，阻敵援兵，斷其退路，使其束手待斃的策略。

要「上屋抽梯」，先得「置梯」誘敵，故意露出破綻，給敵人提供便利，引誘他冒進向前，然後斷其前應和後援，使其陷入孤立無援的境地，再加以圍殲。

釋解妙計

古人按語：唆者，利使之也。利使之而不先為之便，或猶且不行。故抽梯之局，須先置梯，或示之梯。如：慕容垂、姚萇諸人慫恿苻堅侵晉，以乘機自起。（《晉書》卷一一三《苻堅》）

引誘敵人，先給敵人開方便之門。開方便之門，就是事先給敵人安放一架梯子。既不能使他猜疑，還要讓他能清楚地看到梯子。只要敵人爬上梯子，就不怕他不進己方事先設置的圈套。

苻堅就是中了慕容垂、姚萇的「上屋抽梯」之計，輕易去攻打晉朝，終大敗於淝水。慕容垂、姚萇的勢力藉此迅速擴張起來。

典故名篇

❖ 韓信誘敵，背水一戰

秦朝滅亡之後，各路諸侯逐鹿中原。到後來，只有項羽和劉邦的勢力最為強大。其他諸侯，有的被消滅，有的急忙尋找靠山。趙王歇在鉅鹿之戰中，看出項羽是個了不起的英雄，心中十分佩服，在楚漢相爭時期，投靠了項羽。

劉邦為了削弱項羽的力量，命令韓信率兩萬精兵去攻打趙王歇的軍隊。趙王歇聽到消息，呵呵一笑，心想：我有項羽做靠山，又握有二十萬人馬，何懼韓信！

趙王歇親自率領二十萬大軍駐守井陘，準備迎敵。韓信的部隊也向井陘進發，在離井陘三十里處安營紮寨。兩軍對峙，一場大戰即將開始。

韓信分析了兩軍的兵力：敵軍人數比自己多了十倍，硬拼攻城，恐怕不是敵方的對手；但若久拖不決，己方也經不起消耗。經過反覆思考，他定下了一條妙計。

他召集將領在營中部署：命一將率兩千精兵到山谷樹林隱蔽處埋伏起來，待兩軍開戰佯敗逃跑。趙軍肯定傾巢出動在後追擊。這時，另一部迅速殺入敵營，插上漢軍的軍旗。他又命令張耳率軍一萬，在綿延河東岸擺下背水一戰的陣式。自己親率八千人馬正面佯攻。

第二天天剛亮，只聽韓信營中戰鼓隆隆，韓信親率大軍，向井陘殺來。趙軍主帥陳餘早有準備，立即下令出擊。兩軍殺得昏天黑地。突然韓信一聲令下，部隊立即佯裝敗退，並故意遺留下大量武器及軍用物資。陳餘見韓信退卻，大笑道，「區區韓信，怎是我的對手！」隨即下令追擊。

韓信帶著敗退的隊伍撤到河邊，與張耳的部隊會合。此時，他對全體將士喊道：「前邊是滔滔河水，後面是幾十萬追擊的敵軍，我們已經沒有退路，只能背水一戰，擊潰追兵。」眾將士知道已無退路，個個奮勇，要與趙軍拼個你死我活。

韓信突然率部殺回，出乎陳餘的預料。趙軍認為以多勝少，勝利在握，鬥志已不很旺盛，加上韓信故意在路上遺留了大量軍用物資，士兵們你爭我奪，一片混亂。

銳不可擋的漢軍奮勇衝進敵陣，只殺得趙軍丟盔棄甲，兵敗如山倒。陳餘率部後撤。當他們退到大營前，只見大營那邊飛過無數箭來，射向自己。慌亂中，陳餘注意到營中已插遍漢軍軍旗。趙軍驚魂未定，營中漢軍已經衝殺出來，與韓信從兩邊夾擊。張耳一刀將陳餘斬於馬下，趙王歇也被漢軍生擒，趙軍二十萬人馬全軍覆沒。

❖ 比較銷售效果奇妙

有比較，才有鑒別。不比不知道，一比嚇一跳。把比較之策成功地引用到經營領域，往往可以收到事半功倍的效果。

美國一家專門經營玩.具的商店同時購進兩種小鹿，造型相差無幾，價錢也一樣。可是，擺在櫃枱上，卻很少有顧客問津。後來，商店經理在標價上動了手腳，把其中一隻小鹿的標價3角8分提到5角6分，另一隻小鹿標價不變，仍是3角8分。兩種小鹿放在一個櫃枱上，結果標價3角8分的小鹿很快銷售一空。

這位經理說：「這個結果其實可想而知。對商品進行比較，是顧客的普遍心理。既然小鹿的質量相差無幾，價格卻相差那麼多，顧客當然都會買便宜的那種小鹿了。」

沒改變價格前，兩種小鹿都賣不出去。提高一種小鹿的價格，使兩種小鹿的價格產生對比，果然引起注意，刺激了顧客的購買心理，收到了奇妙的銷售效果。

對實物進行比較，用直觀的手法使消費者增加感性認識，激發其購買慾，是一種很實際的促銷法，產生的效果也十分明顯。在同類產品競爭十分激烈的今天，這種推銷法尤其廣泛得到應用。

用計錦囊

《孫子·九地篇》中說：「帥興之期，如登高而去梯。」原意是：讓他人登上高樓之後，去掉梯子，使其處於絕境。

讓人上了高樓，再抽掉梯子，那人當然跑不掉。

商戰中，「上屋抽梯」無疑也是狡猾的一招，可使自己安然，無須擔心後有「追兵」；使企業贏利，無須擔心產品沒有銷路。

第二十九計◆ 樹上開花

計名探源

樹上開花，非指樹上本來有花，而是用彩色的綢子剪成花朵粘在樹上，做得和真花一樣，不仔細去看，真假難辨。

此計用在軍事上，指的是，自己的力量比較小，可以借友軍之力或借某種因素製造假象，使自己的陣營顯得強大。與敵接戰，要善於借助各種因素，為自己壯大聲勢。

張飛是一員猛將，而且有勇有謀。

劉備起兵之初，與曹操交戰，多次失利。劉表死後，劉備在荊州勢孤力竭。這時，曹操領兵南下，直達宛城。劉備慌忙率荊州軍民退守江陵。由於老百姓跟著撤退的人太多，所以撤退的速度非常慢。曹兵追到當陽，與劉備的部隊打了一仗。劉備敗退，他的妻子和兒子都在亂軍中被衝散了。劉備狼狽敗退，令張飛斷後，阻截追兵。

張飛只有二、三十個騎兵，怎敵得過曹操的大隊人馬？他卻臨危不懼，臨陣不慌，心生一計。他命令所率騎兵都到樹林子裡去，砍下樹枝，綁在馬後，然後騎馬在林中飛跑打轉。自己則騎著黑馬，橫著丈二長矛，威風凜凜地站在長坂橋上。追兵趕到，見張飛獨自騎馬橫矛，站在橋中，好生奇怪，又看見橋東樹林裡塵土飛揚。追擊的曹兵馬上停止前進，以為樹林之中定有伏兵。

張飛只帶二、三十名騎兵，阻止住了追擊的曹兵，讓劉備和荊州軍民順利撤退，靠的就是這「樹上開花」一計。

原文

借局布勢，力小勢大①。鴻漸於陸，其羽可用為儀也②。

注釋

①借局布勢，力小勢大：借助於某種局面，布成陣勢，兵力弱小，卻可使陣勢強大。

②鴻漸於陸，其羽可用為儀：語出《易經．漸卦》。漸，卦名。本卦為異卦相疊（艮下巽上）。上卦為巽為木，下卦為艮為山。卦象為木於山上不斷生長。漸，即漸進。卦上說鴻雁飛到陸地上，牠的羽毛可用來編織舞具。

譯文

借其它局面布成有利的陣勢，雖然實際兵力弱小，但外部陣容顯得很強大。解語中曰：「鴻漸於陸，其羽可用為儀也。」引自《易經・漸卦》。意思是說：大雁雖小，但飛翔時橫空列陣，憑著羽毛豐滿的雙翼，很有威勢。這裡喻為兵力雖弱小，但借助於外部條件，虛布強大陣勢，以懾服敵人。

弱小部隊憑藉某種因素，改變外部形態後，陣容顯得強大了，就像鴻雁長了羽毛豐滿的翅膀一樣。

講解

「樹上開花」是借外界的力量懾服敵人的一種謀略。在戰術、戰略上，借外界的局勢布成有利的陣局，縱使原來的兵力弱小，也會顯現出強大的陣容，從而收到異乎尋常的效果。就像樹上的花朵借助樹枝的宏勢，可以令人眼花撩亂；鴻雁橫空列陣，憑藉豐滿的羽翼助長氣勢。

釋解妙計

古人按語：此樹本無花，而樹則可以有花，剪綵粘之，不細察者不易覺，使花與樹交相輝映，而成玲瓏全局也。此蓋布精兵於友軍之陣，完其勢以威敵也。

用假花冒充真花，取得亂真的效果，前邊已做過分析。因為戰場上情況複雜，瞬息萬變，指揮者很容易被假象所惑，所以，善於佈置假情況，巧擺迷魂陣，虛張聲勢，可以懾服甚至擊敗敵人。

按語的最後一句，將此計解釋為：把自己的軍隊佈置於盟軍陣邊，造成強大的聲勢以懾服敵人。「樹上開花」這一計，用在軍事上，就是通過偽裝，使自己看起來強大，以此虛張聲勢，懾服敵人。《三國演義》中，不少軍事家在戰略戰術上運用此計，常常收到出乎尋常的效果。比如張飛當年大戰長坂橋一段，便令人讚不絕口。

典故名篇

❖「猴兵」火燒敵寨

南宋初年，晏州少數民族首領卜漏聚眾起義。朝廷派趙遹為招討使，率軍征剿。

卜漏的營寨建於山上，四周是重重密林。林外設有木柵，並挖有壕溝和陷阱。趙遹仔細察看了地形，發現山後有一處崖壁峭直而上，可達敵寨，卜漏恃險，對此不做防備。他決定將這條「絕路」當作攻打敵寨的突破口。

當地盛產猴子。趙遹讓士兵抓捕了幾千隻猴子，把浸了油的麻草捆在猴背上。這些猴子在小部隊帶領下，悄悄攀上險峻的峭壁。

與此同時，趙遹率軍從正面開始攻打敵寨。卜漏不敢輕敵，調集人馬防禦。突然，背後躥出上千隻背上著了火的猴子。猴子拼命亂竄，卜漏的營寨成了一片火海。卜漏命令士兵撲火。猴子受了驚嚇，跳來跳去，火勢愈燒愈盛。趙遹乘勢率軍衝上。卜軍兵士驚慌失措，有的跌入火中，有的摔下崖壁，死傷無數。卜漏突圍無效，死於亂軍之中。

趙遹巧妙利用「猴兵」火燒敵寨，樹上開花，形成摧枯拉朽之勢，可謂作戰取勝的出色範例。

❖ 借名人之樹開花結果

世界上有很多產品，不知默默無聞地存在了多少年，偶然一次，經名人推崇或使用，便名揚四海。這些產品為什麼在名人使用前後，聲勢大不一樣？這就是「樹上開花」的效果，借名人這棵耀眼的大樹做廣告宣傳，提高產品的知名度。

在普通人的思維中，有這樣一種心理定勢：名人推薦、讚賞的東西，一定是好東西，質量、性能夠硬，無須懷疑。而且，社會上本存在一種模仿名人的風氣——名人用什麼，我也用什麼；名人穿什麼，我也穿什麼。名人用過的東西，不但能引起大眾的重視、青睞，而且很可能在社會上引起購買熱。所以，在今天商品日益豐富，競爭日趨激烈的情況下，生產廠家常常採用這一謀略，借名人之樹，提高自己產品的知名度，擴大市場佔有率。一些公司為了讓自己的產品吸引顧客，引起搶購，常常不惜代價，花大錢僱用名人、明星宣傳自己的產品，藉以出名。

美國李維公司曾成功地利用電影明星宣傳自家公司生產的牛仔褲。公司宣佈，誰設計的牛仔褲能打入電影圈，穿在好萊塢明星身上，誰就是成功的設計師！李維公司將廣告費主要花在電影明星身上，請影星穿著公司的牛仔褲主演電影、電視。美國著名影星馬龍・白蘭度，詹姆斯・迪恩等都曾多次穿這種牛仔褲演出，掀起了陣陣「牛仔褲熱」。李維牛仔褲由此在美國走俏。

「樹上開花」這一謀略，用得恰到火候，就能為企業、個人帶來說不盡的好處。

用計錦囊

這一計的計名是從「鐵樹開花」轉化過來。原意指這種樹本來不開花，但可以把色彩艷麗的絲綢剪成花朵，粘貼在樹枝上，以製造出逼真的場面，粗心的人很難分出它的真假。這與解語中所說的「借局布勢，力小勢大」同義。

商業競爭中，積累財富、擴大生產、佔領市場是任何一個參戰者都要達到的目的，但並非每一個經營者都實力龐大、資金雄厚。尤其是創業初期，許多人往往一貧如洗。在有限的資本不能與其他競爭對手抗衡時，成功的技巧之一就是「借」——缺資金借資金，缺人才借人才，缺技術借技術，使之為我所用。

第三十計 反客為生

計名探源

反客為主，用在軍事上，是指化變被動為主動，爭取掌握戰爭主動權的謀略。比如想辦法鑽友軍的空子，插腳進去，控制它的首腦機關或要害部門，抓住有利的時機，兼併或控制之。古人使用本計，往往是借援助盟軍的機會，自己先站穩腳跟，然後步步為營，想方設法取而代之。

袁紹和韓馥本是一對盟友，曾經共同討伐過董卓。後來，袁紹勢力漸漸強大，且不斷擴張。他屯兵河內，缺少糧草，十分犯愁。老友韓馥知道後，主動派人送去糧草，幫他解決了供應上的困難。

袁紹覺得，等待別人送糧草，不能夠解決根本問題。他聽從謀士逢紀所獻之策，決定奪取糧倉冀州。當時的冀州牧正是老友韓馥。袁紹也顧不了那麼多了，馬上下手，實施他的錦囊妙計。

他首先給公孫瓚寫了一封信，建議雙方合兵攻打冀州。公孫瓚早就想找個理由攻佔冀州，聽了這個建議正中下懷，立即下令發兵。

袁紹又暗地裡派人去見韓馥，說：「公孫瓚和袁紹聯合攻打冀州，冀州難以自保。袁紹過去不是你的老朋友嗎？最近你不是還給他送過糧草嗎？你何不聯合袁紹，讓袁紹進城，以保住冀州。」

韓馥只得邀請袁紹帶兵進入冀州。這位請來的客人，表面上尊重韓馥，實際上他逐漸將自己的部下一個個釘子似地紮進冀州的要害部門。不久，韓馥看出，他這個「主」已被「客」取而代之了。為了保全性命，他只得隻身逃出冀州，另覓它途。

原文

乘隙插足，扼其主機①，漸之進也②。

注釋

①乘隙插足，扼其主機：找準時機插足進去，掌握友軍的要害關節之處。

②漸之進也：語出《易經·漸卦》。本卦《彖》辭：「漸之進也。」漸就是漸進的意思。此計運用此理，是說乘隙插足，扼人主機。

譯文

這個解語除了「主機」二字外，其他並不難懂。什麼是「主機」？「主機」是指出謀劃策，發號施令，掌握大權的統帥機關。但也可以理解為要害部位。整句解語的意思是：鑽空子插進腳去，控制友軍的首腦機關或要害，要循序漸進。也就是說，想取而代之，就不能操之過急，必須依步驟逐漸實現。

講解

反客為主，原意是：主人不會待客，反受客人招待。引申為在處於被動地位時，想辦法爭取主動，變客位為主位。

軍事上，爭取主動是用兵的最高原則。被動意味著挨打，居於客位，意味著受人支配。只有擺脫被動局面，處於主人的地位，才能控制各方，穩操勝券。

釋解妙計

古人按語：為人驅使者為奴，為人尊重者為客，不能立足者為暫客，能立足者為久客，客久而不能主事者為賤客，能主事，則可漸握機要，而為主矣。故反客為主之局，第一步須爭客位；第二步須乘隙；第三步須插足；第四步須握機；第五步乃成功。為主，則并人之軍矣；此漸進之陰謀也。如李淵書尊李密，密卒以敗。（《隋書》卷七十《李密傳》）漢高祖勢未敵項羽之先，卑事項羽，使其見信，而漸以侵其勢，至垓下一役，一舉亡之。（《史記》卷八《高祖本紀》）

客有多種，暫客、久客、賤客，都還是真正的「客」。可是，一到漸漸掌握了主人的機要，就反客為主了。按語中將這個過程分為五步：爭客位，乘隙，插足，握機，成功。概括地講，就是化被動為主動，逐步把主動權掌握到自己手中。分成五步，強調循序漸進，不可急躁莽撞。用在軍事上，就是掌握別人的軍隊，控制其指揮權。

按語稱此計為「漸進之陰謀」。既是「陰謀」，又必須「漸進」，才能奏效。李淵在奪得天下之前，寫信恭維李密，後來還是把李密消滅了。劉邦在兵力不能與項羽抗衡的時候，很尊敬項羽，鴻門宴上，以屈求伸，對項羽謙卑到了極點。後來他逐漸吞食項羽的勢力，力量擴大，由弱變強，垓下一戰，終於將項羽逼死於烏江。

所以古人說，主客之勢常常發生變化，有的變客為主，有的變主為客。關鍵在於要化被動為主動，爭取掌握主動權。

典故名篇

❖郭子儀單騎見回紇

唐代，叛將僕固懷恩煽動吐蕃和回紇聯合出兵，進犯中原。大軍三十萬，一路連戰連捷，直逼涇陽城。涇陽守將是唐朝名將郭子儀。他奉命前來平叛，麾下只有一萬餘名精兵。面對漫山遍野的敵人，郭子儀感知到形勢十分嚴峻。

正在這時，僕固懷恩病死了。吐蕃和回紇失去了中間聯繫和協調的人物，雙方都想爭奪指揮權，矛盾逐漸激化。兩軍各駐一地，互不聯繫。吐蕃駐紮在東門外，回紇駐紮在西門外。

郭子儀尋思：何不乘機分化這兩支軍隊？他在安史之亂時，曾和回紇將領並肩作戰，對付安祿山。這種老關係何不利用一下？思及此，他祕密派人前往回紇營中，轉達自己想與過去並肩作戰的老友敘敘情誼的意思。

回紇都督藥葛羅也是個重感情的人，聽說郭子儀就在涇陽，十分高興。但他說：「除非郭老令公親自讓我們見到，我們才會相信。」

郭子儀聽到回報，決定親赴回紇營中，會見藥葛羅，敘敘舊情，並乘機說服他們停止和吐蕃聯合反唐。

將士們深怕回紇有詐，勸止郭子儀前去。郭子儀說：「為了國家，我早已把生死置諸度外！我去回紇管中，如果談得成，這個仗就打不起來，天下從此太平，有什麼不好？」他拒絕帶衛隊保衛，只帶少數隨從，趕到回紇軍營去了。

藥葛羅見郭子儀真的來了，非常高興，設宴招待，兩人談得十分親熱。酒酣時，郭子儀說：「大唐、回紇關係很好，回紇在平定安史之亂時立了大功，大唐也沒有虧待你們呀！今天怎麼會和吐蕃聯合進犯大唐？豈不知，吐蕃是想利用你們與大唐作戰好乘機得利！」

藥葛羅憤然道：「老令公說得有理，我們是被他們騙了！我們願意和大唐一起，攻打吐蕃。」雙方馬上歃血結盟。

吐蕃得到報告，覺得形勢驟變，於己不利，連夜拔寨撤兵。郭子儀與回紇合兵追擊，擊敗了吐蕃的十萬大軍。從此，很長一段時間邊境無事。

❖ 迪士尼與米老鼠

華德·迪士尼自幼就喜歡繪畫，他的首批招貼畫是在第一次世界大戰中做紅十字救護車司機時畫出的——實際上，那些畫只是為士兵們指示各個醫務部門的路標。一戰後，他在報紙上看到坎薩斯市電影廣告公司招聘一名動畫片畫家的廣告，欣然赴聘，從此進入了動畫電影界。

迪士尼先是製作「卡通片」，叫它「滑稽短片」。取得了經驗之後，他製作了一部《愛麗絲夢遊仙境》的卡通系列片，連續上映將近兩年，大受歡迎。但他十分清楚，愛麗絲已經「拋頭露面」很長時間了，觀眾會厭倦的，必須用一個新的卡通形象取代她。

這時候，環球電影公司想要製作一部以兔子為明星的影片，找到了他。他和他的朋友烏比夜以繼日地工作，成功地推出了《幸運兔子奧斯華》，引起了轟動。

為了和環球公司洽談新的製片業務，迪士尼攜夫人莉達·邦茲一起到了紐約。他本以為憑藉「兔子奧斯華」的「幸運」，環球公司老闆米菲會另眼看他。不料，洽談合約時，米菲卻把片酬壓低到令人不能忍受。迪士尼氣憤地站了起來。米菲卻冷笑道：「如果你不接受，我就把你的人全部接收過來。我已跟他們簽了合約。」

迪士尼如雷轟頂，一下子呆住了。

回到旅館，迪士尼給他的哥哥去了一個電話，要他証實米菲的話。不久，哥哥回電：「米菲說的是真的。除了烏比之外，幾乎所有的人都跟米菲簽了密約。」

「真卑鄙！」迪士尼做夢也想不到米菲公司會用如此下流的手法挖走他的人。就在他尚未從憤怒和震驚中清醒時，米菲又搶先一步，向世人宣佈：《奧斯華片集》的所有權屬於環球公司，不屬於迪士尼。這意味著米菲想利用迪士尼的那一班人繼續創作奧斯華新片，而迪士尼分毫無份！

迪士尼憤怒之極，發誓：「我一定要雪恥復仇，戰勝米菲！」

如何戰勝米菲？他已擁有一個為人們所接受的「奧斯華」。最好的辦法就是用一個更新更好的卡通形象取代奧斯華！

迪士尼的妻子莉達・邦茲為丈夫想出了「米老鼠」這個形象。

和烏比商討一番之後，迪士尼決心以老鼠米奇為主角，以更奇特誇張的造型製作一部《瘋狂的飛機》。由於與米菲簽有密約的人還未離開製作場，迪士尼和烏比白天躲在一個車庫裡繪畫，夜晚到製作間拍攝膠片，在極其保密的情況下完成了《瘋狂的飛機》和《汽船威利》的製作。

時逢有聲電影剛剛出現，迪士尼深信將來是有聲電影的天下，毅然賣掉心愛的汽車，跑遍了好萊塢和紐約，尋找能為他的米老鼠及其他角色配音的人。

《瘋狂的飛機》、《汽船威利》公映後，老鼠米奇那誇張的造型、滑稽的動作和幽默的聲音，令無數兒童和成年人津津樂道，多家電影公司的老闆爭先恐後，找迪士尼購買米老鼠的片集。

老鼠米奇的出現使米菲的奧斯華新片黯然失色，而那些與米菲簽下密約的人因為離開了迪士尼，都變成一事無成的蠢貨。米菲徹底地輸了。

用計錦囊

「反客為主」，意指在日常生活中，主人不會招待客人，反受客人招待。但引作計名，當然另有別論。

那麼，通常在什麼情況下運用這一計謀呢？

就這一計的本意來說，它是用來對付盟友。具體地說，就是乘支援盟軍的機會，把腳插進去，再按步驟，逐步控制盟軍。

第六套

敗戰計

第三十一計 美人計

計名探源

美人計，語出《六韜・文伐》：「養其亂臣以迷之，進美女淫聲以惑之。」意思是：對於用軍事行動難以征服的敵方，要使用「糖衣炮彈」，先從思想、意志上打敗敵方的將帥，使其內部喪失戰鬥力，然後再行攻取。

就像本計正文所說，對付兵力強大的敵人，要制服它的將帥；對於足智多謀的將帥，要設法腐蝕他。將帥鬥志衰退，部隊肯定士氣消沉，就失去了作戰能力。利用多種手段，攻其弱點，己方就得以保存實力，由弱變強。

春秋末期吳越之戰，勾踐先敗於夫差。吳王夫差罰勾踐夫婦在吳國宮裡服勞役，藉以羞辱他。勾踐在夫差面前卑躬屈膝，百般逢迎，騙取了夫差的信任，終於獲釋回到越國。後來勾踐趁火打劫，終於消滅了吳國，逼得夫差拔劍自刎。

勾踐所趁之「火」是怎樣燒起來的？原來，他成功地運用了「美人計」。勾踐回越國之後，臥薪嘗膽，不忘雪恥。但吳國強大，靠武力，越國不能取勝。

越大夫文種向越王獻上一計：「高飛之鳥，死於美食；深泉之魚，死於芳餌。想復國雪恥，應投其所好，衰其鬥志，方可置夫差於死地。」

於是，勾踐挑選了兩名絕代佳人——西施、鄭旦送給夫差，並年年向吳王進獻珍奇珠寶。夫差認為勾踐已經徹底臣服，所以一點也不加懷疑。夫差整日與美人飲酒作樂，連大臣伍子胥的勸諫也完全聽不進去。後來，吳國攻齊，勾踐還出兵幫助，藉以表明忠心，麻痺夫差。吳國勝利之後，勾踐又親自到吳國祝賀。

夫差貪戀女色，一天比一天厲害，根本不想過問政事。伍子胥力諫無效，反被逼自盡。勾踐看在眼裡，喜在心中。

公元前四八二年，勾踐乘夫差北上會盟之機，突出奇兵伐吳。前四七三年，吳國終於被越所滅，夫差也只能一死了之。

原文

兵強者，攻其將；兵智者，伐其情。將弱兵頹，其勢自萎。利用禦寇，順相保也①。

注釋

①利用禦寇，順相保也：語出《易經·漸卦》。本卦九三《象辭》：「利禦寇，順相保也。」意為利於抵禦敵人，順利地保衛自己。

譯文

對兵力強大的敵人，要設了制服他的將帥；對足智多謀的將帥，要設法腐蝕他的意志。將帥的鬥志衰退、兵卒的士氣消沉，軍隊的戰鬥力也就喪失殆盡了。因此，針對敵人的弱點進行滲透、瓦解，就可以順勢保存自己的實力。

此計運用前面原文中之象理，是說利用敵人自身的嚴重缺點，我方順勢以對，可使其自頹自損，然後即能一舉得之。

講解

此計意思是，對於用軍事行動難以征服的敵方，要使用「糖衣炮彈」，先從思想、意志上打敗敵方的將帥，使其內部喪失戰鬥力，然後再行攻取。就像正文所說，對兵力強大的敵人，要制服它的將帥；對足智多謀的將帥，要設法腐蝕他。將帥鬥志衰退，部隊肯定士氣消沉，從而失去了作戰能力。利用多種手段，攻其弱點，己方就能順勢保存實力，由弱變強。

釋解妙計

古人按語：兵強將智，不可以敵，勢必事之。事之以土地，以增其勢，如六國之事秦，策之最下者也。事之以幣帛，以增其富，如宋之事遼金，策之下者也。惟事以美人，以佚其志，以弱其體，以增其下怨。如勾踐以西施重寶取悅夫差（《左傳・哀公十一年》），乃可轉敗為勝。

勢力強大，將帥明智，這樣的敵人，不能與他正面交鋒，在一個時期內，只得暫時向他屈服。

這則按語，把侍奉或討好強敵的方法分成三等。

最下策是用獻土地的方法。這勢必增強敵人的力量。像六國爭相以地事秦，得不到什麼好結果。

下策是用金錢珠寶、綾羅綢緞去討好敵人。這必然增加敵人的財富。像宋朝侍奉遼國、金國那樣，也不會得到什麼成效。

獨有運用美人計，效用甚大，可以消磨敵軍將帥的意志，削弱他的體質，並增加其所率部隊的怨恨情緒。春秋時期，越王勾踐便用美女西施和貴重珠寶取悅於夫差，讓他貪圖享受，喪失警惕，後來終於打敗了吳國。

典故名篇

❖陳平巧計突圍

公元前二〇〇年，漢高祖劉邦率領大軍與匈奴交戰。劉邦求勝心切，帶領小股騎兵追擊匈奴人。不料中了敵人的埋伏，被困於白登山。這時，漢軍的後續部隊已被匈奴人阻擋在各個要路口，無法前來解圍，形勢萬分危急。

到了第四天，被困的漢軍糧草越來越少，劉邦君臣急得像熱鍋上的螞蟻，坐立不安。謀士陳平靈機一動，從匈奴單于的夫人閼氏身上想出了一條計策。

在得到劉邦允許之後，陳平派一名使者帶著一批珍寶和一幅畫祕密晉見了閼氏。使者對閼氏說：「這些珍寶是大漢皇帝送給您的。大漢皇帝欲與匈奴和好，特送上這些珍寶，請務必收下，並在單于面前美言幾句。」

使者又獻上一幅美女圖，說：「大漢皇帝怕單于不答應請和的要求，準備把中原的頭號美人獻給他。這是她的畫像，請您先過目。」

閼氏接過來一看，真是一個貌似天仙的美女：眉似初春柳葉，臉如三月桃花；玉纖纖蔥枝手，一捻捻楊柳腰；滿頭珠翠，引得蜂狂蝶浪；雙目含情，令人魂飛魄舞。她心想：如果單于得到此女，還有心思寵愛我嗎？於是她說：「珍寶留下吧！美女就用不著了。我請單于退兵就是了。」

閼氏打發走了漢使，立即去見單于。她說：「聽說漢朝的援軍就要到了，到那時我們就會落入被動。不如現在接受漢朝皇帝的請和要求，乘機向他們多索要一些財物。」

單于經反覆考慮，覺得夫人的話很有道理。

雙方的代表經過多次談判，終於達成了協議。單于得到物質上的滿足之後，放走了劉邦君臣。陳平因這次謀劃有功，後來被劉邦封為曲逆侯。

陳平利用閼氏的爭寵心理，虛獻美女，從而達到了講和的目的。這「美人計」妙就妙在根本沒有美女，但同樣收到良好的效果。

❖ 慎戒「枕邊風」

有許多正人君子對「美人計」不屑一顧，認為這種手段過於下流，難登大雅之堂。然而，恰恰是這些人，只要夫人在枕頭邊講幾句軟話，吹幾口暖風，便稀裡糊塗，朝令夕改，使國家蒙受損失。

某市一個主管市政工程投標的處長一向自命兩袖清風，廉潔奉公。有一個工程隊的老闆為了承包立交橋工程，費盡心機，託了無數人情，終於聯繫上了處長夫人。

到了晚上，睡到床上，處長夫人關心地問起處長的工作。處長自是毫不隱瞞，一一道來。處長夫人趁機為那工程隊美言幾句。處長雖有幾秒鐘猶豫，但礙於夫人的情面，終於點了點頭。到投標那天，那工程隊輕輕鬆鬆地攬下工程，其他投標者卻仍茫然不知所以然。

「槍頭難敵枕頭。」這也可算作「美人計」的一個特殊範例吧。

某外貿局機電處張處長出國公幹，和香港一家公司談判引進項目合資辦廠的具體事宜。港商避重就輕，隻字不提引進設備的價格。張處長雖很焦急，但又無可奈何。

在當晚舉行的宴會上，港商對他大肆逢迎。回到住處，他發現自己的公事包裡赫然多了一摞厚厚的港幣。

這是收買！張處長義正辭嚴，於第二天把港幣交還對方，令港商異常尷尬。重金收買不成，港商又生一計，讓他的私人祕書孫小姐擔任全權代表，代表他和張處長進行談判。

張處長不知是計，繼續談判。孫小姐似乎特別通融，張處長提出的一切要求，她都毫不費力地接受了。

經過幾天的接觸，年輕貌美的孫小姐在張處長心中刻下很深的印象，她的一顰一笑，常常讓張處長想入非非。

談判結束，孫小姐邀張處長到她家裡。她以大膽的穿著和挑逗的語言，很快讓張處長無力自持。再加上酒精的刺激，張處長不由自主，幹出了越軌之事。

從夢中醒來，一盤錄有他的醜行的錄影帶和一份港商擬就的合約同時擺在他面前。不簽字，那盤錄影帶會讓他身敗名裂；簽了字，興許能蒙混過關。兩相權衡，張處長一咬牙，在合約上簽了字，給國家造成了巨大的損失。

金錢沒能攻破他的防線，美女卻輕而易舉地讓他繳械投降。

在商品經濟的汪洋大海，美人計就如巨大的漩渦，令那些意志薄弱者遭到滅頂之災。面對激烈的商戰，一定要提高警惕，莫因一步不慎，招致千古悔恨。

❖ 美女降「虎」計

一個仲夏的夜晚，英國利物浦國際機場，一架飛往德國著名工業城市埃森的波音七四七飛機像顆炮彈般，從跑道上斜射向藍黑色的夜空。機艙裡，一位30多歲的男子正閉目沉思。他名叫梅傑，是利物浦塞勃拆船公司總裁的助理。

這一次，梅傑奉命前往德國阿克森鋼鐵公司辦理一樁大生意。

近年來，某些國家經濟建設發展很快，對鋼鐵的需要相應增多。德國阿克森鋼鐵公司因此生意日隆，銷量猛增，許多訂戶排著隊急著要貨，一時出現供不應求的局面，其軋鋼用的鋼坯僅夠兩個月使用。公司對此心急如焚，四處找貨。

塞勃公司得到情報後，立即委派梅傑為公司的全權代表，連夜乘飛機前往阿克森公司，就出售鋼坯一事進行談判。

經過一個多小時的航程，飛機順利抵達埃森。

第二天，雙方立即展開談判。

雙方各執己見，互不相讓。阿克森公司的談判代表一籌莫展：價格是降，還是升？如果降，比例是多少？升，比例又是多少？這時候，連阿克森公司的總裁施第文也有點拿不定主意。他知道自己的公司遇到了一位可怕的對手。

西方有句名言：為戰勝男人，可以用女人。老奸巨猾的施第文決定動用殺手鐧——美女間諜苔絲。

苔絲是阿克森公司派駐附近大酒店的女招待。這家大酒店不是阿克森公司所辦，但許多來阿克森公司談生意的人員大多住在這兒。

梅傑一到大酒店，便被苔絲的美貌深深地打動。尤其是她的熱情、詼諧和高雅的氣質，更使他如癡如醉，幾乎忘了這是在異國他鄉。然而，要事在身，他不敢縱情放肆。

苔絲似乎對梅傑很有好感，一有機會便主動湊過去，和他聊幾句。一天晚上，已經下班的苔絲主動邀請他到一家舞廳跳舞。

舞廳的燈光若明若暗。在纏綿婉轉的樂曲中，苔絲緊貼著梅傑翩翩起舞。梅傑深情地凝視著懷中的苔絲，發現她那雙明媚的大眼睛更加楚楚動人，秋波流動。跳著跳著，只見她吐氣若蘭，臉上已微微發紅，白嫩透紅的臉蛋愈發顯得鮮活，嫣紅的嘴唇半張半閉，像是在傾訴著什麼。摟著如此美妙動人的少女跳舞，梅傑的心早已陶醉了。苔絲看在眼裡，喜在心頭。從舞廳出來，返回梅傑的住房，已是夜色闌珊的時候。

梅傑興致甚濃，喝了杯白蘭地，癡癡地看著苔絲。見此情景，苔絲十分嬌嗔地撫了一下他的肩，身上的長裙悄然飄落。登時一股烈火般的慾望注入梅傑的五臟六腑，他含糊不清地喃喃道：「我……愛你！」隨即瘋狂地抱住苔絲……

一陣巫山雲雨過後，梅傑得到了極大的滿足。

苔絲邊穿衣服，邊嬌聲說道：「親愛的，你應該送我一件禮物……」

梅傑以為她要錢，連忙從衣袋裡掏出二百英鎊遞給她。

苔絲沒有接，卻伸出柔美的雙臂摟住他的脖子，在他耳畔呢喃道：「你以為我是那種女人嗎？我是真心愛你！若能得到你的一件小禮物做紀念，我就心滿意足了。」

其貌不揚的梅傑第一次聽到漂亮的姑娘對自己說這樣的話，不禁心花怒放，忘乎所以，立即轉身取出那個黑色密碼箱，從裡面取出一枚昂貴而精緻的胸針。這是他昨天才買的，準備回國時送給自己的妻子，現在卻「移花接木」，將它送給這位善解人意的異國情侶了。

此時，一向精明的梅傑卻犯了一個致命的錯誤。正當他打開密碼鎖時，苔絲已經偷偷地將他開鎖的一舉一動清晰地攝入自己的腦海。

梅傑做夢也沒有料到，這位漂亮的姑娘看起來柔情似水，卻別有圖謀。他原本精明過人，此刻竟失算於這位女子。

第二天早上，阿克森公司突然告訴梅傑，談判因故暫時中止。

梅傑獨自一人待在房間裡，倍感空虛、無聊。這時，苔絲又來到房間。梅傑一見這位美人，禁不住心猿意馬，又想重溫昨夜好夢，卻遭苔絲婉拒。

望著梅傑那副失魂落魄的樣子，苔絲認為時機已到，便謊稱自己下午休班，邀請他陪自己出去遊玩。心如火燎的梅傑不假思索，滿口答應。

下午，梅傑喜滋滋地擁著美麗的苔絲，鑽進她的小汽車。小汽車飛快地駛向郊野。在一片幽僻的小樹林中，梅傑的情慾又得到了盡情的宣洩。

正在這時，另一名女招待悄悄潛入梅傑的房間。她也是阿克森公司安插在這家酒店的女間諜。她根據苔絲提供的開鎖要領，用了將近一個小時，才將這個被稱為世界上最保險的密碼箱打開，將裡面的東西全部偷拍下來。

膠卷沖洗出來後，阿克森公司保安部門的人都大吃一驚。材料上沒有什麼詳細的文字，只是亂七八糟的數字和符號。

20000T　GLP

40000T　GKP

80000T　GIP

300000T　GGN

但保安部門還是立即將它上交總裁。

施第文是一個很精明的企業家。他拿著這張如同天書的圖片，仔細看了看，覺得裡面大有文章。不然，梅傑決不會把它鎖在密碼箱裡。他又反覆琢磨了一陣，不禁心頭大喜。前面的數字顯然是多少噸，後面的英文字母很可能是底價。

於是，他立即動用電腦破譯。不多久便拿到了答案：

二萬噸　　一六〇美元／噸

四萬噸　　一五〇美元／噸

八萬噸　　一三〇美元／噸

三十萬噸　　一一八美元／噸

至此，愁眉緊鎖的施第文終於眉開眼笑。因為，在商業談判中，底價相當重要，直接關係到雙方的利益。談判一方如能摸清對手的談判底價，便可以從容應付，制定出詳細而又周全的對策，最大限度地發揮自己的優勢，迫使對手做出最大限度的讓步，從而使自己的損失減少到最低程度。

阿克林公司掌握了塞勃公司的談判底價，這意味著他們在這場談判中將穩操勝券。

新的一輪談判開始了。

阿克森公司由於有了底價，因此提出了購買30萬噸鋼坯的要求，並希望價格相應降低，每噸一一五美元。

梅傑聽後大吃一驚：對手的數量和價格怎麼和公司總部所要求的差不多？臨行前，公司總裁曾特地叮囑，應利用各種機會，為公司多賺錢，底價本可做最後參考之用。梅傑心裡直發虛：對手太厲害了！看來，多賺錢的願望難以實現了。

果然不出所料，梅傑提議，如買30萬噸，每噸一三二美元，對手一口回絕，並威脅道，阿克森公司已盡最大的努力，做了最大限度的讓步；如果塞勃公司還是固執己見，寸利不讓，阿克森公司只好從別的公司進貨了。

梅傑一聽，知道來者不善，再硬頂下去，恐怕生意就難做了。這可是一筆大生意呀！他心想，丟掉這筆生意，自己就是本事再大，也擔不起責任啊！

半小時後，阿克森公司同意做點小小的「讓步」，雙方以每噸一一八美元成交。由於軍機洩露，塞勃公司白白少賺了近一千萬美元。

當梅傑垂頭喪氣地走進埃森機場的候機室時，一位機場工作人員轉交給他一個小包。他打開一看，原來是自己送給苔絲的那件禮物——胸針。

用計錦囊

現代戰爭，甚至政治爭鬥、商業間諜中，不乏使用「美人計」的例子。它有強烈的現代色彩，施計者大多採用間諜方式實施，利用金錢的賄賂加美人的誘惑，以圖達到不可告人的目的。身在局中者不可喪失警惕啊！

第三十二計◆空城計

計名探源

空城計，屬於一種心理戰術。在己方無力守城的情況下，故意向敵人暴露我城內空虛，即所謂「虛者虛之」。敵方產生懷疑，便會猶豫不前，即所謂「疑中生疑」。敵人怕城內有埋伏，不敢昌然陷進埋伏圈內。

切記：此計是懸而又懸的「險策」。使用此計的關鍵，是要清楚地了解並掌握敵方將帥的心理狀況和性格特徵。當諸葛亮使用「空城計」解圍，就是他充分了解司馬懿謹慎多疑的性格特點，才敢出此險策。

其實，早在春秋時期，就出現過使用「空城計」的出色戰例。當時，楚國令尹（宰相）公子元在他哥哥楚文王死了之後，非常想佔有漂亮的嫂子文夫人。他用各種方法去討好，文夫人卻無動於衷。於是，他想透過建功立業，顯顯自己的能耐，以此討得文夫人的歡心。

公元前六六六年，公子元率兵車六百乘，浩浩蕩蕩，攻打鄭國。

楚國大軍一路攻下數城，直逼鄭國國都。鄭國國力弱，都城內更是兵力空虛，無法抵擋楚軍的進犯。

鄭國危在旦夕，群臣慌亂，有的主張納款請和，有的主張決一死戰，有的主張固守待援。這幾種主張都難以解除危局。

上卿叔詹說：「請和與決戰都非上策。固守待援，倒是可取的方案。鄭國和齊國訂有盟約，而今有難，齊國必會出兵相助。只是，空談固守，恐怕也難以守住。公子元伐鄭，實貫際上是想邀功圖名，討好文夫人。他一定急於求成，但卻又特別害怕失敗。所以，我有一計，可退楚軍。」

鄭國國君按叔詹的計策，在城內做了安排。他命令士兵全部埋伏起來，不讓敵人看見一兵一卒。店舖則照常開門，百姓亦往來如常，不准露出一絲慌亂之色。然後大開城門，放下吊橋，擺出完全不設防的樣子。

楚軍先鋒到達鄭國都城城下，見此情景，心裡起了懷疑：莫非城中設了埋伏，誘我中計？他不敢妄動，駐兵城下，等待公子元。公子元趕到城下，也覺得好生奇怪。他率眾將到城外高地瞭望，見城中確實空虛，但又隱隱約約看到鄭國的旌旗、甲士。他認為其中有詐，不可貿然進攻，決定先派人進城探聽虛實。

這時，齊國接到鄭國的求援信，已聯合魯、宋兩國發兵救鄭。公子元聞報，知道三國兵到，楚軍定不能勝。好在已打了幾個勝仗，還是趕快撤退為妙。他害怕撤退時鄭國軍隊會出城追擊，於是下令全軍連夜撤走，人銜枚，馬裹蹄，不出一點聲響。所有營寨都不拆走，旌旗照舊飄揚。

第二天清晨，叔詹登城一望，說道：「楚軍已經撤走。」

眾人見敵營旌旗招展，不信敵人已經撤軍。

叔詹說，「如果營中有人，怎會有那麼多飛鳥盤旋上下？他也用空城計欺騙我們，其實早已急忙撤兵了。」

這就是歷史上首次使用「空城計」的戰例。

原文

虛者虛之，疑中生疑①；剛柔之際，奇而復奇②。

注釋

①虛者虛之，疑中生疑：第一個「虛」為名詞，意為空虛的；第二個「虛」為動詞，作使動詞用，意為讓它空虛。全句的意思是：空虛的就讓它空虛，使它在疑惑中更加令人疑惑。

②剛柔之際：語出《易經·解卦)。解，卦名。本卦為異卦相疊（坎下震上）。上卦為震為雷，下卦為坎為雨。雷雨交加，蕩滌宇內，萬象更新，萬物萌生，故卦名為解。「解」，險難解除，物情舒緩。本卦初六《象辭》：「剛柔之際，義無咎也。」意為使剛與柔相互交會，沒有災難。此計運用此象理，

是說敵我交戰，運用此計，可產生奇妙而又奇妙的功效。

譯文

解語裡的「剛柔之際」，是引自《易經·解卦》，意指「敵眾我寡」的危急關頭。整段解語的意思是說：兵力雖空虛，如果故意顯示出不加防守的樣子，那就會使敵人難以揣摩。在敵眾我寡的危急關頭，這種用兵之法顯得格外奇妙。

講解

「空城計」實質上是一種心理戰術。軍事上只在敵眾我寡的情況下，為解燃眉之急時使用。它靠的不是用實力戰勝敵人，而是通過研究敵人主帥的心理活動，以謀勝敵。其訣竅是：兵力空虛，故意顯示空虛而不設防，使敵人疑上加疑。在敵眾我寡的緊急關頭，大膽運用這種策略，更顯得奇之又奇，無從揣摩。

釋解妙計

古人按語：虛虛實實，兵無常勢。虛而示虛，諸葛而後，不乏其人。

如吐蕃陷瓜州，王君煥死，河西恟懼。以張守珪為瓜州刺史，領餘眾，方復築州城。版幹（築城牆用的夾板和立柱）裁立，敵又暴至。略無守禦之具，城中相顧失色，莫有鬥志。守珪曰：「彼眾我寡，又瘡痍之後，不可以矢石相持，須以權道制之。」乃於城上置酒作樂，以會將士。敵疑城中有備，不敢攻而退。

又如齊祖珽為北徐州刺史。至州，會有陣寇百姓多反。珽不關城門，守陴者皆令下城，靜坐街巷，禁斷行人雞犬。賊無所見聞，不測所以，或疑人走城空，不設警備。珽復令大叫，鼓噪聒天。賊大驚，頓時走散。

這則按語講了兩個故事。

張守珪接替戰死的王君煥鎮守瓜州，正在修築城牆，敵兵突然來襲。城裡沒有任何守禦的設備，大家驚慌失措。守珪說：「敵眾我寡，我們又處在城池剛被破壞之後，光用石頭和弓箭，勢不能相持，應該用計謀對付。」他讓將士們和他一道坐在城上，飲酒奏樂，若無其事。敵人懷疑城中有備，只有退兵。

北齊祖珽也用近似的方法退兵。他的做法比張守珪又多了一招：等賊兵以為人走城空，不設警備時，突然命士兵大聲叫喚，更將賊兵搞得糊裡糊塗，只得退兵。

虛虛實實，兵無常勢，變化無窮。在敵強我虛之時，展開心理戰，一定要充分掌握敵方主帥的心理和性格特徵，切切不可輕易出此險招。況且，多數情況下，此計只能當作緩兵之法，還得防止敵人捲土重來。所以，要挽救危局，還得憑藉真正的實力。

典故名篇

❖李廣巧計保孤軍

西漢時期，北方匈奴勢力逐漸強大，不斷興兵進犯中原。飛將軍李廣任上郡太守，抵擋匈奴南進。

一天，皇帝派到上郡的宦官帶人外出打獵，遭到三個匈奴兵襲擊，宦官受傷逃回。李廣大怒，親自率領一百名騎兵前去追擊。一直追了幾十里地，終於追上，殺了兩名匈奴兵，活捉一名。正準備回營時，忽然發現有數千名匈奴騎兵向自己開來。匈奴隊伍也發現了李廣。但看見李廣只有百名騎兵，以為是為大部隊誘敵的前鋒，不敢貿然攻擊，急忙上山擺開陣勢，觀察動靜。

李廣的騎兵非常恐慌。李廣沉著地穩住隊伍：「我們只有百餘騎，離我們的大營有幾十里遠。如果我們逃跑，匈奴肯定會在後追殺。眼下我們最好按兵不動。這樣，敵人肯定會疑心我們有大規模的行動，不敢輕易進攻。現在，我們繼續前進。」

到距離敵陣僅二里地光景的地方，李廣下令：「全體下馬休息。」漢軍士兵卸下馬鞍，悠閒地躺在草地上休息，看著戰馬在一旁津津有味地吃草。

匈奴騎兵領頭者感到十分奇怪，派了一名軍官出陣觀察形勢。李廣立即上馬，衝殺過去，一箭射死了這個軍官。然後又回到原地，繼續休息。

匈奴人見此情形，更加恐慌，料定李廣胸有成竹，附近定有伏兵。天黑以後，李廣的人馬仍無動靜。匈奴人怕遭到大部隊突襲，慌慌張張地逃跑了。

李廣的百餘騎安全地返回大營。

❖ 茶葉公司反唱「空城記」，銷售紅茶

有一年，南方某省的茶葉豐收，茶農們踴躍地將茶葉交到茶葉收購處。這使得本來庫存量就不小的茶葉進出口公司更增加了庫存，形成了積壓。

如此多的茶葉，讓進出口公司的業務員很犯愁：如何設法銷出去呢？正在這時，有外商前來詢問。

進出口公司感覺到這是一個極好的機會，一定要把握住，既要把茶葉賣出去，同時還要設法賣個好價錢。為此，他們做了一番周密的佈置。

在向外商遞盤時，公司將其它各種茶葉的價格按當時國際市場的行情逐一報出，惟獨將紅茶的價格報高了。

外商看了報價，當即提出疑問：「其它茶葉的價格與國際市場行情相符，為什麼紅茶的價格要那麼高？」

進出口公司代表坦然說道：「紅茶報價高，是因為今年紅茶收購量低，庫存量小，加上前來求購的客戶很多，所以價格只得上漲。中國人有句古話叫『僧多粥少』，就是這個意思。」

外商對這番話將信將疑，談判暫時中止。

隨後幾天，又有客戶前來詢盤。

進出口公司照舊以同樣的理由、同樣的價格回覆：「因紅茶收購量小，庫存量小，求購的客戶很多，所以漲價。」

又有許多客戶再來詢盤時，得到的也是同樣的答覆。

這是怎麼回事？真的像進出口公司所說的那樣嗎？若是真的需求量大而庫存量小，那得快些簽訂購貨合約，否則有可能價格還會提高。外商心中沒底。雖說他們對紅茶報價高心存疑問，想去了解真正的產量與需求量等問題，但他們在此地無法直接去了解這個問題，只能靠間接途徑，通過其它管道探聽。而其它途徑，就只是向其他客戶查詢。詢問的結果，與自己得到的資訊一致。

於是，外商趕快與進出口公司就購銷紅茶一事簽訂了合約，惟恐遲了一步，進出口公司無貨可供。價格當然按照進出口公司所報的價而沒有降低。

其他客戶紛紛仿效。就這樣，在很短的時間內，進出口公司把積壓的紅茶銷售一空，而且賣了個好價錢。

用計錦囊

說到「空城計」，大家一定會立刻聯想到《三國演義》裡諸葛亮「撫琴退兵」的故事。也就是說，大家對這一計並不陌生。

此計用法雖說極為奇妙，但帶有很大的風險。它屬於「風險之策」。不過，在戰爭舞臺上，風險往往同利益成正比。所以說，「不入虎穴，焉得虎子。」

那麼，這一計的關鍵在哪裡？

這一計的巧妙，就在於能否正確地把握住敵人將帥的心理狀態和性格特徵，因人因事，以謀解危。諸葛亮之所以敢於在兵力十分懸殊的情況下運用「空城計」，就是因為他掌握了司馬懿謹慎多疑的心理特徵。

第三十三計 反間計

計名探源

「反間計」是指在疑陣中再布疑陣，引誘敵方內部的人歸附於我，以使我方萬無一失。也就是巧妙地誘使敵方間諜反過來為我方所用。

在戰爭中，雙方使用間諜十分常見。《孫子兵法》就特別強調間諜的作用，以深入了解敵方的情況。要準確掌握敵方的情況，不可靠鬼神，或僅靠經驗，「必取於人，知敵之情者也。」這裡的「人」，就是指間諜。

《孫子兵法》專闢一篇《用間篇》，說明五種間諜的用法。利用敵方鄉里的普通人做間諜，叫「因間」；收買敵方官民做間諜，叫「內間」；收買或利用敵方派來的間諜為我所用，叫「反間」；故意製造和洩露假情況給敵方的間諜，叫「死間」；派人去敵方偵察，再回來報告情況，叫「生間」。

唐代詩人杜牧曾對反間計做出解釋：「敵有間來窺我，我必先知之，或厚賂誘之，反為我用；或佯為不覺，樂以偽情而縱之，則敵人之間反為我用也。」

三國時期，赤壁大戰前夕，周瑜巧用反間計，誘使曹操殺了精通水戰的蔡瑁、張允，就是個有名的例子。

曹操率領八十三萬大軍，準備渡過長江。但隊伍都由北方士兵組成，善於馬戰，拙於水戰。正好有兩個精通水戰的降將蔡瑁、張允可以為曹操訓練水軍。曹操把這兩個人當成寶貝，優待有加。一次，東吳主帥周瑜見對岸曹軍在水中擺陣，井井有條，十分在行，心中大驚。他尋思，一定要除掉這兩個心腹大患。

曹操一貫愛才。他知道周瑜年輕有為，是個軍事奇才，很想拉攏他。曹營謀士蔣幹自稱與周瑜曾是同窗好友，願意過江勸降。曹操當即讓他過江說服周瑜。

周瑜見蔣幹過江，立刻計上心頭。他熱情地款待蔣幹。酒筵上，他讓眾將作陪，炫耀武力，並規定只敘友情，不談軍事，堵住了蔣幹的嘴巴。

宴後，周瑜佯裝大醉，約蔣幹同床共眠。蔣幹見周瑜不讓他提及勸降之事，心中不安，哪能夠入睡。他偷偷下床，見周瑜案上有一封信。他偷看了信，見是蔡瑁、張允寫來，約定與周瑜裡應外合，擊敗曹操。這時，周瑜說著夢話，翻了翻身子，嚇得蔣幹連忙上床。過了一會兒，忽然有人要見周瑜。周瑜起身和來人談話，還裝作故意看看蔣幹是否睡熟。蔣幹裝作沉睡的樣子，但聽周瑜與來人小聲談話，聽不清楚，只隱約聽及提到蔡、張二人。於是，他對蔡、張二人和周瑜裡應外合的計畫確認無疑。

他連夜趕回曹營，讓曹操看了周瑜偽造的信件。曹操頓時火起，殺了蔡瑁、張允。待冷靜下來，才知中了周瑜的反間之計，但也無可奈何了。

原文

疑中之疑①。比之自內，不自失也②。

注釋

①疑中之疑：在疑陣中再設疑陣。

②比之自內，不自失也：語出《易經‧比卦》。比，卦名，本卦為異卦相疊（坤下坎上）。上卦為坎為水，下卦為坤為地，水附托於大地，大地容納著水，相依相賴，故名為「比」。比，親比、親密相依。本卦六二《象辭》：「比之自內，不自失也。」此計運用此象理，是說在布下一重重的疑陣之後，能使來自敵人內部的間諜歸順於我，我藉此可有效地保全自己。

譯文

「比之自內，不自失也。」引自《易經‧比卦》，意思是說：在疑局中再布設一層「迷霧」，順勢利用隱蔽在自己內部的敵方間諜去誤傳假情報，這樣就可免遭損失。

講解

「反間計」，指誘使敵方內部的間諜為我方所用，反去刺探敵方的情報，從而使自己不受損失。

行「反間計」的辦法千變萬化，關鍵在於：用厚禮重賄收買敵方間諜；或裝瘋賣傻，故意供給對方假情報，使之間接為我服務。

也就是說，此計包含兩個層面：一是使用敵間；二是分化離間。

釋解妙計

古人按語：間者，使敵自相疑忌也；反間者，因敵之間而間之也。如燕昭王薨，惠王自為太子時，不快於樂毅。田單乃縱反間曰：樂毅與燕王有隙，畏誅，欲連兵王齊，齊人未附。故且緩攻即墨，以待其事。齊人惟恐他將來，即墨殘矣。惠王聞之，即使騎劫代將，毅遂奔趙。又如周瑜利用曹操間諜，以間其將，陳平以金縱反間於楚軍，間范增，楚王疑而去之，亦疑中之疑之局也。

按語舉了好幾個例子，用以證明反間計的成效。田單守即墨，想除掉燕將樂毅，用的是「挑撥離間」的手段，散佈樂毅沒攻下即墨，是想在齊地稱王，眼下齊人還未服從他，所以他暫緩攻打即墨。齊國怕的是燕國換下樂毅。燕王果然中計，以騎劫代替樂毅。樂毅只好逃到趙國去了。齊人大喜。田單終以火牛陣大破燕軍。陳平也是用離間之計，使項羽疏遠了軍師范增。

典故名篇

❖ 李世民智退突厥兵

公元六二四年，唐朝統一全國的戰爭基本結束。突厥貴族眼看內地已無割據勢力可資利用，便傾其全部兵力，大舉入侵。頡利、突利兩位可汗率軍深入幽州地區，唐都長安直接受到威脅。唐高祖李淵急派秦王李世民和齊王李元吉帶兵前往抵禦。

李世民認為，在敵強我弱的情況下，不能硬拼，只能智取。他說服了李元吉，親自率一百多名騎兵奔到突厥兵陣前。頡利、突利見唐兵只有一百多騎前來，大感奇怪。因害怕唐兵暗設圈套，遂壓住陣腳，不敢輕舉妄動。

到了陣前，李世民大聲對頡利說：「我是秦王。你若有膽量，與我單獨較量！」然後，他又走到另一邊，語氣和善地對突利說：「你我曾訂立盟約，有急事時互相救助。現在你不但不救助，反而引兵來攻，哪還有香火之情、兄弟之誼？」頡利隱約聽到李世民說「訂立盟約」、「兄弟之誼」之類的話，疑心突利與李世民之間訂有密謀，遂引兵後退。突利見狀，也領兵退去。

此後，陰雨連綿十餘日。李世民夜裡冒雨率軍偷襲敵人。突厥人這才感覺到李世民不好對付。李世民又派人重金賄賂突利，說明利害。突利有些動搖。頡利主張再戰，突利不同意。頡利怕突利與李世民之間有什麼名堂，為免招自身之禍，於是同意與唐朝訂立盟約。突厥旋即退兵。

在此，李世民就運用了反間計。他知道頡利、突利二人雖同是突厥可汗，但分屬於不同的部落，互相猜忌。於是，他假裝與突利祕談，使頡利起了疑心。主帥之間不和的軍隊必缺乏戰鬥力。頡利怕中了李世民和突利之間的圈套，遂退兵。

❖ 華爾街醜聞

一八六八年，華爾街上發生了一場爭奪薩斯克哈拉鐵路的大戰，爭奪的雙方都是當時名噪華爾街的人物，一方是鐵路運輸業鉅子范德比爾特，另一方是華爾街的暴發戶古爾德和費斯克。

范德比爾特是美國鐵路運輸和船舶製造業中極為成功的風雲人

物，比古爾德大42歲。他本來是紐約灣內斯達汀島上一個渡口的船夫，後來靠投機發跡。23歲時，他便擁有一萬美元和一個船隊，從而獲得「海軍准將」的綽號。

這位「海軍准將」以勇敢和脾氣暴烈著稱，長得像一隻大黑熊，寬寬的肩膀、粗粗的嗓門。

古爾德在華爾街算是一個年輕的投機者，在投機業上卻打遍華爾街無敵手，厲害之極，33歲就名聲大噪。此人有一副特殊的相貌：蓄著短短的頭髮，瘦長的臉頰長著如刺般又硬又密的絡腮鬍子。他性情兇猛，膽大包天，擅長陰謀詭計。

他的得力夥伴費斯克粗壯如一頭野牛，也是兇狠無比。

這兩個人狼狽為奸，互相勾結，在股票市場橫衝直撞，翻雲覆雨，所向無敵，令不少人傾家蕩產。伊利鐵路便是他們耍弄權術，從地方實業家手中強購得來。

為了弄明白古爾德和費斯克為什麼如此不惜血本，和老范德比爾特爭奪這條鐵路，還是讓我們看看薩斯克哈拉鐵路的重要性吧！

薩斯克哈拉鐵路從紐約州首府奧爾巴尼通到賓夕法尼亞州北側的賓加姆頓，全程約二二七公里，地理位置極為優越。賓加姆頓城自古便是煤炭集散地，周圍有不少鐵路通往各大煤炭生產地，因而薩斯克哈拉鐵路便成為聯結以紐約為首的東部工業城市與各煤炭產地的大動脈。這條鐵路南接古爾德的伊利鐵路，西可達美國中部重鎮芝加哥，匹茲堡的鋼鐵及產油地的石油都可經此運抵紐約。

可見，這條鐵路確實是一條舖滿金子的生財之「道」。

對這次的薩斯克哈拉鐵路之爭，華爾街的各路豪傑（包括摩根在內）都採取坐山觀虎鬥的姿態。

他們都紛紛推測：薩斯克哈拉地方鐵路的人多半會像可憐的小青蛙一樣，被古爾德和費斯克這兩條大蛇盡情玩弄，然後一口吞掉。

為了增強自己的實力，打贏這場戰鬥，老范德比爾特與第爾結成同盟。說起第爾這個名字，在美國南北戰爭前的華爾街，幾乎無人不曉。此人曾不擇手段地使鐵路公司發生翻車、脫軌等事件，然後趁機大量收購這家公司因信譽危機而大幅跌價的股票，由此得了個「財產剝皮者」的臭名。

在這場鐵路爭奪戰一開始，第爾便宣佈效忠范德比爾特，並取得了他的信任。有了第爾的加盟，范德比爾特如虎添翼，實力大增。這時，勝利的天平似乎傾向他這一方。然而，范德比爾特高興得太早了。

一個陰森森的夜晚，古爾德和費斯克攜著鉅款，來到第爾的府上。一見到那一大捆花花綠綠的鈔票，第爾登時忘記了過往的怨恨，以及自己的誓言，甚至忘記了自己父母的名字。他爽快地答應了古爾德的條件——充當內奸。

其後，第爾唆使范德比爾特大量購買伊利鐵路的股票。表面上，他是在為范德比爾特出謀劃策，暗中卻不斷印製大量假的伊利鐵路股票。他特意買下紐約的渥多維小型劇場。劇場的地下室就成了他們的祕密印刷廠，一張張劈啪作響的股票從這裡流出來，並迅速湧向市場。

范德比爾特被第爾的笑臉所迷惑，一直蒙在鼓裡，以大量現金將這些「摻了水」的股票買下來。他為這些堆積如山，一文不值的廢紙付出了七百萬美元的巨額現金。

終於，他察覺到第爾的陰謀，並立即向紐約法院申請禁止伊利鐵路新股的發行。然而古爾德等早已買通了法院的兩個法官，他們有恃無恐，毫不理會法院禁止發行的命令，繼續印製新股票，大量在市場拋售。

范德比爾特憤怒之極，集合所有他結識的政客、律師鬧到法庭，終於挖出了接受古爾德賄賂的兩個法官，這才判定了古爾德、費斯克和第爾三人侮慢法庭的罪名。

但由於美國各州行使獨立的法律審判和制裁效力，法律制裁超過州界便失效了，因而古爾德一夥人在一個月黑風高之夜，由哈德遜河偷渡到喬治市，並用馬車將價值達七百萬美元的金塊帶過去。

脾氣躁烈的范德比爾特知道後氣得暴跳如雷。但於事無補，他敗局已定。在這場爭奪戰中，第爾是關鍵人物。范德比爾特是敗在他手裡，而不是古爾德。

用計錦囊

孫子說：「知之必在於反間，故反間不可不厚也。」唐人杜牧在《十一家注孫子》中解釋：「敵有間來窺我，我必先知之，或厚賂誘之，反為我用；或佯為不覺，欒以偽情而縱之。則敵人之間反為我用也。」也就是說：除了以優厚的待遇去收買敵人的間諜外，佯裝沒有發覺敵人的間諜，故意把假情報供給他，也是使敵人的間諜為我所用的有效辦法。《三國演義》裡「蔣幹盜書」一節，正是運用這種「反間計」的典型例子。

在現代商戰中，因「反間計」的運用，形成敵中有我，我中有敵的巧局。比如收買對手企業中的關鍵人物，使其倒戈，或提供經濟技術情報。

第三十四計 ◆ 苦肉計

計名探源

周瑜打黃蓋——一個願打，一個願挨。這是「三國迷」都知道的故事。周、黃二人事先商量好了，假戲真做，騙過曹操，詐降成功，火燒了曹操八十三萬兵馬。

春秋時期，吳王闔閭殺了吳王僚，奪得王位。他十分懼怕吳王僚的兒子慶忌為父報仇。慶忌正在衛國擴大勢力，準備攻打吳國，奪取王位。

闔閭整日提心吊膽，要大臣伍子胥替他設法除掉慶忌。伍子胥向闔閭推薦了一個智勇雙全的勇士，名叫要離。闔閭見要離矮小瘦弱，疑惑地說：「慶忌人高馬大，勇力過人，如何殺得了他？」要離回答：「刺殺慶忌，要靠智不靠力。只要能接近他，事情就好辦。」闔閭追問：「慶忌對吳國防範最嚴，怎能夠接近他？」要離再答：「只要大王砍斷我的右臂，殺掉我的妻子，我就能取信於慶忌。」闔閭不肯答應。要離說：「為國亡家，為主殘身，我心甘情願。」

吳都忽然流言四起：闔閭弒君篡位，是無道昏君。吳王下令追查。原來流言是要離所散佈。闔閭下令捉了要離和他的妻子。要離當面大罵昏君。闔閭假借追查同謀，未殺要離，只斷他的右臂，把他夫妻二人關進監獄。

幾天後，伍子胥讓獄卒放鬆看管，讓要離乘機逃出。闔閭聽說要離逃跑了，就殺了他的妻子。

這件事不僅傳遍吳國，連鄰近的國家也都知道了。要離逃到衛國，求見慶忌，要求慶忌為他報斷臂殺妻之仇。慶忌接納了他。

其後要離藉機親近慶忌，勸說慶忌伐吳。慶忌聽從，乘船向吳國進發。要離乘慶忌沒有防備，從背後用矛盡力刺去，刺穿其胸膛。慶忌的衛士要捉拿要離，慶忌卻說：

「敢殺我的也是個勇士，放他走吧！」隨即因失血過多而死。

要離完成了刺殺慶忌的任務，因家毀身殘，也自刎而死。

原文

人不自害，受害必真；假真真假，間以得行。童蒙之吉，順以巽也①。

注釋

①童蒙之吉，順以巽也：語出《易經 · 蒙卦》（卦名解釋見「借

屍還魂」注③）。本卦六五《象辭》：「童蒙之吉，順以巽也。」本意是說：幼稚蒙昧者之所以吉利，是因為柔順、服從。

譯文

人在一般情況下，不可能自己傷害自己，若遭受傷害，必定是真的受人之害。我以假作真，用真的取代假的，離間的目的就可以實現了。按照這一思維規律行事，就如同逗小孩一樣容易。

講解

一般人都不願傷害自己，若說自己被人傷害，多半是真的，敵方必信而不疑。這樣，就能使「苦肉計」運用成功。

此計其實是一種特殊做法的「離間計」。運用此計「自害」是真，「他害」是假，以真亂假。己方要造成內部矛盾激化的假象，派人裝作受到迫害，藉機鑽到敵人的心臟地帶去進行間諜活動。

釋解妙計

古人按語：間者，使敵人相疑也；反間者，因敵人之疑，而實其疑也；苦肉計者，蓋假作自間以間人也。凡遣與己有隙者以誘敵人，約為響應，或約為共力者，皆苦肉計之類也。如：鄭武公伐胡而先以女妻胡君，並戮關其思；韓信下齊而驪生遭烹。

間諜工作十分複雜而變化多端。用間諜，是為了使敵人互相猜忌；反間之用，是因應敵人內部原來的矛盾，增加他們相互之間的猜忌；用苦肉計，是假裝去做敵人的間諜，實際上是到敵方內部從事間諜活動。派遣同己方有仇恨的人去迷惑敵人，不管是做內應也好，或是協同作戰也好，都屬於苦肉計。

鄭國武公伐胡，竟先將自己的女兒許配給胡國的君主，並殺掉了主張伐胡的關其思，使胡不防鄭，最後舉兵攻胡，一舉殲滅了胡國。漢高祖派驪食其勸齊王降漢，使齊王卸下防備漢軍之心。韓信果斷地乘機伐齊，齊王怒而煮殺了驪食其。這類故事都讓我們看到，為了勝利，可能花多大的代價！只有看似「違背常理」的自我犧牲，才容易達到欺騙敵人的目的。

典故名篇

❖ 周瑜打黃蓋

東漢末期，曹、吳兩方一北一南，即將決戰於長江之上。戰幕拉開之前，東吳周瑜自感寡不敵眾，曹操則自覺北軍不諳水戰，不約而同地想到用計。

於是，曹操派蔡中、蔡和到江東詐降。周瑜收留之。周瑜暗中吩咐：「此二人是曹操的奸細，得將計就計，使之為我所用。」

夜裡，黃蓋來見周瑜，提出「火攻曹軍」方案。周瑜正需一個人去曹營詐降，刺探軍情。黃蓋表示願受皮肉之苦，行詐降之計。

第二天，周瑜召眾將商議，下令做好準備，與曹操打一場持久戰。黃蓋卻說，曹操人多勢眾，還不如投降了事。周瑜大怒，責罵黃蓋在兩軍對壘時說這般話，是「慢我軍心，挫我士氣」，下令推出斬首。眾將跪下求饒：「黃蓋固然有罪，但開戰在即，若斬大將，恐於軍不利！望都督且記下罪來，待破曹之後，斬他不遲。」

周瑜氣稍緩，說看在眾將面上，暫免黃蓋一死，令打他一百軍棍，以正其罪。眾將又要求饒。周瑜推翻桌子，喝退眾將，立即行刑。黃蓋被剝光了衣服，按在地上，打得皮開肉綻，鮮血直流，幾次昏厥。旁觀眾將無不落淚。

黃蓋受盡皮肉之苦以後，派人往曹營進見曹操，說自己身為老臣，卻無端受刑，想率眾歸降，以圖雪恥。曹操疑是周瑜的苦肉計，遭到說客一番奚落。後來他接到了二蔡的密信，報知黃蓋被打之事，這才相信。

黃蓋的苦肉計，頗為有效地詐住了曹操，使曹操把寶押在他身上，從而導致八十三萬人馬遭致火攻而潰敗。

❖ 薄利多銷的促銷手段

位在東京以北約30公里的「羅傑斯商店」是一家「折扣商店」，經營上堪稱同類商店中最成功的一家，每年營業額達220億日元。

一輛自行車通常的價格為38000日元，在這家商店，只賣14800日元。商店中的商品共計5萬種，從食品、雜貨到娛樂用品，琳瑯滿目，所有商品都打折出售。

店主說：「我的主張是『薄利多銷』。就中關鍵在於找廉價的貨源，保持低成本。我們通過電腦系統，跟批發商取得聯繫。只要我們發現某種商品，某家批發商的索價比另一家便宜1元，我們就主動到便宜1元的批發商那裡進貨。另一種策略是削減日常開支。我們的日常開支比一般商店少了一半。」

用計錦囊

「苦肉計」是某方佯裝內部出現矛盾，著一人以自我傷害的方式，打入敵人內部，騙取敵人的信任，進行間諜活動的一種謀略。

在古代，施用「苦肉計」戰勝敵人的事例很多。最令人叫絕的是三國時期，赤壁大戰前夜，東吳名將周瑜和黃蓋合演的那場「苦肉計」。現代商戰中，企業應用此計，可以苦換甜，使自己立於不敗之地。

第三十五計 連環計

計名探源

連環計，指多計並用，計計相連，環環相扣，一計累敵，一計攻敵，任何強敵，攻無不克。此計正文的意思是：如果敵方力量強大，就不要硬拼，而須用計使其產生失誤，藉以削弱敵方的戰鬥力。巧妙地運用這種謀略，就如有天神相助。

此計關鍵是要使敵人「自累」，即使其自己害自己，行動盲目。這樣，就為圍殲敵人創造了良好的條件。

赤壁大戰時，周瑜巧用反間計，讓曹操誤殺了熟悉水戰的蔡瑁、張允，又讓龐統向曹操獻上鎖船之計，用苦肉計讓黃蓋詐降。三計連環，打得曹操大敗而逃。

在「反間計」那一章，我們介紹了周瑜讓曹操誤殺蔡、張二將之事，曹操後悔莫及，因為曹營再也沒有熟悉水戰的將領了。

東吳老將黃蓋見曹操水寨船隻一隻挨一隻，又無得力之人指揮，建議火攻曹軍。他並主動提出，願去詐降，趁曹操不備，放火燒船。

周瑜頷首：「此計甚好。只是，將軍去詐降，曹賊肯定生疑。」黃蓋說：「何不使用苦肉計？」周瑜不忍：「那樣，將軍會吃大苦。」黃蓋說：「為了擊敗曹賊，我甘願受苦。」

第二日，周瑜與眾將在營中議事。黃蓋當眾頂撞周瑜，罵周瑜不識時務，並極力主張降曹。周瑜大怒，下令將黃蓋推出斬首。眾將苦苦求請：「老將軍功勞卓著，請免一死。」周瑜說：「死罪可免，活罪難逃。」命令重打一百軍棍，打得黃蓋鮮血淋漓。

黃蓋受刑，私下派人送信給曹操，信中大罵周瑜，表示會尋機降曹。曹操派人打聽，知黃蓋確實受刑，正在養傷。他將信將疑，派蔣幹再次過江察看虛實。

周瑜見了蔣幹，指責他盜書逃跑，壞了東吳的大事；又問他這次過江，有什麼打算。最後，他說：「莫怪我不念舊情！先請你住到西山，等我大破曹軍之後再說。」隨即把蔣幹給軟禁起來。其實，他想再次利用這個過於自作聰明的呆子。所以，名為軟禁，實際上又在誘他上鉤。

一日，蔣幹心中煩悶，在山間閒逛，忽然聽到從一間茅屋中傳出琅琅讀書聲。進屋一看，見一隱士正在閱覽兵法。攀談之後，知道此人是名士龐統。他告訴蔣幹，周瑜年輕自負，難以容人，所以自己隱居山裡。蔣幹果然又自作聰明，勸龐統投奔曹操，誇耀曹操最重視人才，龐統此去，定得重用。龐統應允，並偷偷把蔣幹引到江邊僻靜處，坐上小船，悄悄駛向曹營。

蔣幹哪裡會想到又中周瑜一計！原來龐統早與周瑜謀劃好了，故意向曹操獻鎖船之計，讓周瑜火攻之計更顯神效。

曹操得了龐統，十分歡喜，言談中，很佩服他的學問。

一日，巡視了各營寨之後，曹操請龐統提供意見。龐統說：「北方兵士不習水戰，在風浪中顛簸，肯定受不了，怎能與周瑜決戰？」曹操問道：「先生有何妙計？」龐統回答：「曹軍兵多船眾，數倍於東吳，不愁不勝。為了克服北方兵士的弱點，何不將船隻連起來，平平穩穩，如在陸地之上。」曹操果然依計而行，將士們也都十分滿意。

黃蓋約定降曹之後，揀一日，在快船上載滿油、柴、硫、硝等引火物資，遮得嚴嚴實實。他按事先與曹操聯繫的信號，插上青牙旗，飛速渡江。

這日刮起東南風，正是周瑜選定的好日子。曹營官兵見是黃蓋投降的船隻，並不防備。忽然間，黃蓋的船上火勢熊熊，直衝曹營。風助火勢，火乘風威，曹營水寨的大船一隻連著一隻，想分也分不開，一齊著火，越燒越旺。周瑜早已準備好快船，駛向曹營，只殺得曹操數十萬人馬一敗塗地。曹操本人倉皇逃奔，差幸撿了一條性命。

原文

將多兵眾，不可以敵，使其自累，以殺其勢。在師中吉，承天寵也①。

注釋

①在師中吉，承天寵也：語出《易經·師卦》。本卦九二《象辭》：「在師中吉，承天寵也。」意為主帥身在軍中指揮，吉利是因為得到上天的寵愛。此計運用此象理，是說將帥巧妙地運用此計，克敵制勝，就如同有上天護佑一樣。

譯文

敵軍兵力強大，不能同他硬拼，應當運用計謀，使他自相牽制，藉以削弱他的戰鬥能力。解語中，「在師中吉，承天寵也」，引自《易經·師卦》，意指：將帥須巧妙地運用計謀，達到克敵制勝的目的，就像有天神相助一樣。

講解

連環計，指多計並用，計計相連，環環相扣，一計累敵，一計攻敵，任何強敵，無攻不破。此計正文的意思是：如果敵方力量強大，就不要硬拼，而須用計使其自相牽制，藉以削弱其戰鬥力。巧妙地運用這種謀略，就如有天神相助。

此計的關鍵是要使敵人「自累」，即使其互相牽制，背上包袱，行動不得自由。這樣，就給圍殲敵人創造了良好的條件。

戰場形勢複雜多變，對敵作戰時使用計謀，是每個優秀的指揮者都具備的本領。雙方指揮者若都是有經驗的老手，只用一計，往往容易被敵方識破。而一計套一計，計計連環，作用就大得多。

釋解妙計

古人按語：龐統使曹操戰艦鉤連，而後縱火焚之，使不得脫。則連環計者，其結在使敵自累，而後圖之。用一計累敵，一計攻敵，兩計扣用，以摧強勢也。如宋畢再遇嘗引敵與戰，且前且卻，至於數四。視日已晚，乃以香料煮黑豆，撒在地上。復前搏戰，佯敗走。敵乘勝追逐。其馬已飢，聞豆香，乃就食，鞭之不前。遇率師反攻，遂大勝。（**《歷代名將用兵方略・宋》**）

按語舉龐統和畢再遇兩個戰例，說明連環計是一計累敵，一計攻敵，兩計扣用。關鍵在於使敵「自累」。兩個以上的計策連用，稱「連環計」。切記，用時不可只看重用計的數量，反應特別重視用計的質量。「使敵自累」之法，可以看作戰略上讓敵人背上包袱，使敵人自己牽制自己，戰線拉長，兵力分散，為我軍集中兵力，各個擊破創造有利的條件。這即是「連環計」在謀略上的反映。

典故名篇

❖陳泰不戰退姜維

公元二四九年，魏國雍州刺史陳泰率兵包圍蜀國北部邊界的麴山東、西二城。蜀將李歆拼死突圍，向大將軍姜維求救。

姜維得知麴山東、西二城勢危，沉吟半晌，想出一條計策：「陳泰率雍州之兵圍了麴山二城，雍州一定空虛。我們可率大軍經牛頭山，繞至雍州後面，伺機攻佔雍州。陳泰知道後，必然回師援雍，麴山之圍就可解救了。」

隨即，他統率蜀軍，向牛頭山進發。

陳泰聞訊，對部將鄧艾說：「兵法云：不戰而屈人之兵，善之善者也。姜維一過牛頭山，我們就截住他。此時再請征西將軍郭淮兵出洮水，截斷姜維退往蜀地的歸路，薑維只有死路一條；倘若他知險而退，我們就可以奪得麴山東、西二城。」

兩人商議已定，派遣使者飛報征西將軍郭淮，請郭淮進軍洮水。郭淮認為陳泰之計可行，立即統率本部兵馬向洮水進發。

姜維到了牛頭山，陳泰早已率主力兵馬搶先佔據了牛頭山附近的險要地段，築起營壘，截住他的去路。姜維天天向陳泰挑戰。陳泰堅守不出。姜維無計可施。

將軍夏侯霸對姜維說：「連日挑戰，陳泰只是不肯出來。此人並非庸才，定有異謀。不如暫時後退，再作別議。」

正商議間，探子來報：「郭淮率大軍直撲洮水！」

姜維大吃一驚：「洮水在牛頭山西北，是我軍退回蜀地必經之路。歸路一斷，我軍不戰自亂。罷了，罷了！」

姜維令夏侯霸率兵先退，自己領兵斷後。守衛麴山的蜀將見內無糧草，外無救兵，只好開城門向陳泰投降。

陳泰憑藉運籌得當，沒有花費多大的代價，就奪得麴山二城，迫使姜維退兵。

❖ 多種經營連環發展

多種經營，是當今世界工商業經營策略的一個新潮流，具有許多明顯的優點。對一家企業來說，多種經營，最大的魅力就在於「風險分提，連環發展」。

一家企業，經營多種產品，容或不能同時順利賺錢，但也不致全部賠錢虧本。「東方不亮西方亮，黑了北方有南方。」多種產品互相補充，企業迴旋餘地大，選擇方向多，應變能力強，經營上安全係數增大。所以，在競爭日趨激烈的今天，多種經營順理成章成為企業尋求的制勝新路。

比如，日本的日立公司生產的產品從重型電機，一直到家用電器；美國的通用電器公司既生產飛機引擎、核反應爐，又生產醫療器械、日用電器。

多種經營還有利於資源的深度加工和綜合利用，充分發揮企業擁有的生產力，滿足社會上多層次、多樣化的需求。

當然，多種經營比較適合於那些人力、財力、物力都比較強的大型企業。實力薄弱的企業如果採多種經營做法，盲目擴大，不但無法挖掘出自身的優勢，還可能由於力量過於分散，人、財、物不足，半途而廢。因此，小企業不適合採取多種經營。

❖ 特德拉計施連環，空手套「油輪」

在美國有個名叫特德拉的年輕人，本來只是一個名不見經傳的技術員，靠著自己的智慧與膽識，幾年內竟坐擁幾千萬美元的資產。

有一天，一位阿根廷朋友向特德拉提供了一條消息，使他興奮不已——阿根廷一家大型化工企業急需價值達二千萬美元的甲烷，卻因阿國某些法律條規的限制，使它無法直接和F國的石油公司接洽。

特德拉決定藉此機會，實現自己殺入石油業的夢想。

他籌借了三千美元，很快飛到阿根廷。他探知阿根廷國內牛肉過剩極多，便找到那家化工企業，讓他們收購二千萬美元的牛肉，自己可以為他們換回相應價格的甲烷。接著，他馬不停蹄，又飛到西班牙。

他前往西班牙一家很有聲望的造船廠，對廠主說：「如果你能買我二千萬美元的牛肉，我可以考慮向你的造船廠訂購一艘造價達二千萬元的超級油輪。」廠主當然樂意。他正為沒有訂單而發愁呢！至於牛肉，只管買就是了。這東西在西班牙不愁沒有銷路，用不了兩個月，他買肉的資金就能回籠。於是，雙方簽訂了合約。

憑著這張合約，加上特德拉那三寸不爛之舌、那家造船廠聞名於世的聲譽，阿根廷那家企業相信了特德拉，把收購來的牛肉悉數交付給他。

特德拉前往F國一家石油公司，將賣牛肉所得的二千萬美元全部購買了他們生產的甲烷。他同時向這家石油公司提出要求：租用他正在西班牙建造的油輪，租期5年，年租費六百萬美元。若公司現在預付總租費20%的現金，則年租費可以降到一百萬美元。石油公司同意了，並支付了20%的定金。

特德拉從中拿出四百萬元，交給了西班牙造船廠，造船的工作便迅速開始了。

結果呢，阿根廷那家企業得到自己想要的甲烷；造船廠接受了一筆大訂單；石油公司賣出了自己的產品；特德拉分文未花，就擁有了自己的油輪，開始了前途遠大的海上運營，終於在幾年後積累了雄厚的資金，創辦了自己的石油公司。

用計錦囊

「連環計」並非連續施用兩個以上的計謀，而是指運用計謀，使敵人自累，再圖謀進攻之，即一計用來累敵，一計用來攻敵，兩計如同連環一樣緊扣起來，結合運用。

現代商戰日趨激烈和錯綜複雜，孤立地運用某種計謀，往往難以奏效。在這種情形下，合理而正確地運用「連環計」，是戰勝強敵的有效策略。

第三十六計 走為上

計名探源

走為上，指在敵我力量懸殊的不利形勢下，所採取的有計畫的主動撤退，避開強敵，尋找戰機，以退為進的謀略。

此計出自《南齊書・王敬則傳》：「檀公三十六策，走為上計。」其實，戰爭史上，很早就有「走為上計」運用得十分精彩的例子。

春秋初期，楚國日益強盛，楚將子玉率師攻晉，並脅迫陳、蔡、鄭、許四個小國出兵，配合楚軍作戰。此前，晉文公攻下依附於楚國的曹國，深知晉楚之戰必不可免。

子玉率部浩浩蕩蕩地向曹國進發。晉文公聞訊，分析了形勢。楚強晉弱，楚勢洶洶。文公決定暫時後退，避楚軍鋒芒。於是，他對外放話道：「當年我被迫逃亡，楚國先君對我以禮相待。我曾與他做過約定，將來我若能返回晉國，願意兩國修好。萬一迫不得已，兩國交兵，我定先退避三舍。現在，子玉伐我，我當履行諾言，先退三舍

（古時一舍為30里）。」

他撤退90里，既臨黃河，又靠著太行山，其勢足以禦敵。此前，他已派人前往秦國和齊國求援。

子玉率部追到城濮。文公探知，楚國左、中、右三軍，以右軍最薄弱。右軍前頭為陳、蔡士兵，他們本是被脅迫而來，並無鬥志。子玉命令左右軍先進，中軍繼之。楚右軍直撲晉軍。晉軍忽然撤退。陳、蔡軍的將官以為晉軍因懼怕而逃，緊追不捨。忽然，晉軍中殺出一支軍隊，駕車的馬都蒙著老虎皮。陳、蔡軍的戰馬以為是真虎，嚇得亂蹦亂跳，轉頭就跑，騎兵控制不住。楚右軍大敗。

隨後，文公派士兵假扮陳、蔡軍士，向子玉報捷：「右師已勝，元帥趕快進兵。」子玉登車一望，果見晉軍後方煙塵蔽天，大笑道：「晉軍竟如此不堪一擊！」其實，這是晉軍的誘敵之計。他們在馬後綁上樹枝，來往奔跑，故意弄得煙塵蔽日，製造假象。子玉急命左軍並力前進。晉軍上軍故意打著帥旗往後撤退。楚左軍又陷於晉軍伏擊圈內，遭到殲滅。

等子玉率中軍趕到，晉軍三軍合力，把他團團圍住。子玉這才發現，右軍、左軍都已被殲，自己身陷重圍。他急令突圍。在猛將成大心護衛下，子玉逃得性命，但部隊傷亡慘重，只得悻悻回國。

這個事例中，晉文公幾次撤退都不是消極地逃跑，而是主動退卻，尋找或製造戰機。在此，「走」確是上策。

原文

全師避敵①。左次無咎，未失常也②。

注釋

①全師避敵：全軍退卻，避開強敵。

②左次無咎，未失常也：語出《易經，師卦》。本卦六四《象辭》：「左次無咎，未失常也。」意為軍隊在左邊紮營，沒有危險。（因為紮營或左邊或右邊，是依情形而定，並沒有違背行軍常道。）此計運用此理，是說這種以退為進的指揮方法，符合正常的用兵法則。

譯文

在不利的形勢下，全軍要主動退卻，避強待機。這種以退求進的做法，並沒有違背正常的用兵法則。

講解

此計可以通俗地解釋為：「打得贏就打，打不贏就走。」也就是說，若能取勝，就不要先走。「走為上」，並非意指此計是三十六計中最高明的計謀，而是說，處於劣勢時不要硬拼，及時撤離才是上策。稍遇挫折，便喪失信心，望風而逃，這是典型的逃跑主義，不可與「走為上」相提並論。

釋解妙計

古人按語：敵勢全勝，我不能戰，則必降，必和，必走。降則全敗，和則半敗，走則未敗。未敗者，勝之轉機也。如宋畢再遇與金人對壘，度金兵至者日眾，難與爭鋒。一夕拔營去，留旗幟於營，預縛生羊懸之，置其前二足於鼓上，羊不堪懸，則足擊鼓有聲。金人不覺為空營。相持數日，乃覺，欲追之，則已遠矣。（《戰略考‧南宋》）可謂善走者矣！

敵方已佔優勢，我方不能戰勝，為了避免與其決戰，只有三條出路：投降、講和、撤退。三者相比，投降是徹底失敗，講和也是一半失敗，而撤退不算失敗。撤退，可以轉敗為勝。當然，撤退決不是消極地逃跑，其目的是避免與敵軍主力決戰。主動撤退還可以調動敵人，製造有利的戰機。總之，退是為了進。

典故名篇

❖ 以退為進，以弱勝強

一九六〇年，英國人哈瑞爾橫渡大西洋，到了美國，買下一家製造噴式清潔劑的小公司，開始產銷命名為「配方409」的清潔液。

二十世紀60年代的美國，噴式清潔液是一個毫不起眼的小市場。哈瑞爾慧眼獨具，再加上經營得法，到一九七六年，幾乎佔領了這類產品的一半市場。

看著哈瑞爾財源滾滾，寶鹼公司眼紅了。這家號稱「日用品之王」的企業開始研究一種名為「新奇」的噴式清潔劑，以財大氣粗的態勢，準備一口吞下這塊越來越大的「清潔劑派」。

日用品大王的威勢的確驚人。在正式上市之前，寶鹼選擇了科羅拉多州的丹佛市進行試銷。結果自在意料之中——大獲全勝，而且幾乎是毫無阻力地橫掃市場。財單勢弱的哈瑞爾似乎被嚇得躲起來了。

的確，「配方409」是躲起來了。只不過，哈瑞爾不是嚇壞了。他正導演著一齣「西洋空城計」。原來，哈瑞爾早已得知寶鹼將在丹佛進行「新奇」的試銷。他決定採取「驕兵戰略」，將「配方409」撤出丹佛這塊地盤。當然，他並不是直接將貨品從超級市場的貨架上撤走。這樣做只會打草驚蛇。他的做法是：停止一切廣告和促銷活動，且不再補貨，讓「配方409」在市場上自然消失。

為什麼哈瑞爾要拱手讓出市場？——為的是接下來的奇襲。

打慣了勝仗的寶鹼人似乎習慣了手到擒來的成功，於是躊躇滿志，準備發動席捲全國的攻勢。

哈瑞爾導演的第二齣好戲「割喉計」就在這時開演了。

試銷成功，使寶鹼對「新奇」寄望甚高。現在，哈瑞爾要使「新奇」變成驚奇，使寶鹼從希望落入失望、絕望。

奇襲展開了！他把十六盎司裝和半磅裝的「配方409」合併，以遠低於市價的1.48元拋售。這是「價格割喉戰」。然後，他以大量廣告促銷這個空前大優惠。消費者果然趨之若鶩。當寶鹼聲勢浩大地展開「新奇」的上市攻勢時，突然發現，原有的消費者都「吃飽了」，剩下的是數量極為有限的新使用者。

一下子從希望的高峰跌入失望的谷底，寶鹼絕望地捨棄了「新奇」，退出了噴式清潔劑市場。

用計錦囊

為什麼計稱「走為上」？

從相對比較上說，在不利的形勢下，要避開與敵人決戰，以免全軍覆沒，出路只有三條：一是投降，二是講和，三是退卻。三者相比，投降，表明徹底失敗；講和，算是一半失敗；退卻，則可保存實力，等待轉機。「走為上策」就是從這個比較中得出。當然，這個「走」決不是消極地逃跑，而是為以後創造反攻的條件所進行的有計畫的主力退卻。所以，從形式上看，它是消極的，但它含蘊著積極的內容。

「走為上」是處於劣勢時取得勝利的最佳途徑。

在現代商戰中，進取與退避必須相互交替和相互轉化。只退不進，自然不可能成功，但只進不退，也決非智者所為。進取和退避是矛盾的統一。所謂進取與退避，其含義不僅包括產品的上馬與下馬，還包括經營規模的擴大與縮小、市場的開拓與退讓等。

〈全書終〉

國家圖書館出版品預行編目資料

智典．三十六計，李明揚　著，初版，新北市；新視野New Vision，2024.08
面；　公分
ISBN　978-626-98599-0-0（平裝）
1. CST：兵法 2. CST：謀略

592.09　　113008141

智典．三十六計

李明揚　著

【出版者】新視野 New Vision
【製　作】新潮社文化事業有限公司
【製作人】林郁
電話：(02) 8666-5711
傳真：(02) 8666-5833
E-mail：service@xcsbook.com.tw

【總經銷】聯合發行股份有限公司
新北市新店區寶橋路 235 巷 6 弄 6 號 2F
電話：(02) 2917-8022
傳真：(02) 2915-6275

印前作業　菩薩蠻電腦科技有限公司
東豪印刷事業有限公司
福霖印刷企業有限公司

初　　版　2024 年 10 月